Beispiele zur

Integral – und

Differentialrechnung

Vorwort

Der Autor will dem Leser die Integralrechnung und die Differentialrechnung anhand von Beispielen nahebringen.

Die Integralrechnung ist neben der Differentialrechnung der wichtigste Zweig der mathematischen Disziplin *Analysis*. Sie ist aus dem Problem der Flächen- und Volumenberechnung entstanden. Das Integral ist ein Oberbegriff für das *unbestimmte* und das *bestimmte* Integral. Die Berechnung von Integralen heißt Integration.

Diese Konvention wird gewählt, damit das bestimmte Integral eine lineare Abbildung ist, was sowohl für theoretische Überlegungen als auch für konkrete Berechnungen eine zentrale Eigenschaft des Integralbegriffs darstellt. Auch wird so sichergestellt, dass der sogenannte Hauptsatz der Differential- und Integralrechnung gilt.

Das *unbestimmte Integral* einer Funktion ordnet dieser eine Menge von Funktionen zu, deren Elemente Stammfunktionen genannt werden. Diese zeichnen sich dadurch aus, dass ihre ersten Ableitungen mit der Funktion, die integriert wurde, übereinstimmen.

Der Hauptsatz der Differential- und Integralrechnung gibt Auskunft darüber, wie bestimmte Integrale aus Stammfunktionen berechnet werden können.

Im Gegensatz zur Differentiation(1) existiert für die Integration auch elementarer Funktionen kein einfacher und kein alle Fälle abdeckender Algorithmus. Integration erfordert trainiertes Raten, das Benutzen spezieller Umformungen (Integration durch Substitution, partielle Integration), Nachschlagen in einer Integraltafel oder das Verwenden spezieller Computer-Software. Oft erfolgt die Integration nur näherungsweise mittels sogenannter numerischer Quadratur.

In der Technik benutzt man zur näherungsweisen Flächenbestimmung sogenannte Planimeter (2) , bei denen die Summierung der Flächenelemente kontinuierlich erfolgt. Der Zahlenwert der so bestimmten Fläche kann an einem Zählwerk abgelesen werden, das zur Erhöhung der Ablesegenauigkeit mit einem Nonius (3) versehen ist.

Chemiker pflegten früher Integrale beliebiger Flächen mit Hilfe
einer Analysenwaage oder Mikrowaage zu bestimmen: Die Fläche wurde sorgfältig ausgeschnitten und gewogen, ebenso ein genau 10 cm × 10 cm großes Stück des gleichen Papiers; eine Dreisatzrechnung führte zum Ergebnis.

Die Differential- bzw. Differenzialrechnung ist ein wesentlicher Bestandteil der Analysis und damit ein Gebiet der Mathematik. Sie ist eng verwandt mit der Integralrechnung, mit der sie gemeinsam unter der
Bezeichnung Infinitesimalrechnung zusammengef asst wird. Zentrales Thema der Differentialrechnung ist die Berechnung lokaler Veränderungen von Funktionen. Hierzu dienlich und gleichzeitig Grundbegriff der Differentialrechnung ist die Ableitung einer Funktion (auch *Differentialquotient* genannt), deren geometrische Entsprechung
die Tangentensteigung ist.

(1) Die Berechnung der Ableitung f' heißt dann *Differentiation*.

(2) Ein *Planimeter* ist ein mathematisches Instrument und Analogrechner, also ein mechanisches Messgerät, zur Ermittlung beliebiger Flächeninhalte in Landkarten

(3) **Der Nonius ist eine bewegliche Längenskala zur Steigerung der Ablesegenauigkeit auf Messgeräten für Längen oder Winkel, beispielsweise auf einem Messschieber, einem Höhenreißer oder einem Maßstab zum Kartieren.**

Die Ableitung ist (nach der Vorstellung von Leibniz) der Proportionalitätsfaktor zwischen verschwindend kleinen *(infinitesimalen)* Änderungen des Eingabewertes und den daraus resultierenden, ebenfalls infinitesimalen Änderungen des Funktionswertes. Existiert ein solcher Proportionalitätsfaktor, so nennt man die Funktion *differenzierbar*. Äquivalent wird die Ableitung in einem Punkt als die Steigung derjenigen linearen Funktion definiert, die unter allen linearen Funktionen die Änderung der Funktion am betrachteten Punkt lokal am besten approximiert (1). Entsprechend wird die Ableitung auch die Linearisierung der Funktion genannt.

In vielen Fällen ist die Differentialrechnung ein unverzichtbares Hilfsmittel zur Bildung mathematischer Modelle, die die Wirklichkeit möglichst genau abbilden sollen, sowie zu deren nachfolgender Analyse.

Die Entsprechung der Ableitung im untersuchten Sachverhalt ist häufig die momentane Änderungsrate.

So ist beispielsweise die Ableitung der Orts- bzw. Weg-Zeit-Funktion eines Teilchens nach der Zeit seiner Momentangeschwindigkeit und die Ableitung der Momentangeschwindigkeit nach der Zeit liefert die momentane Beschleunigung. In den Wirtschaftswissenschaften spricht man auch häufig von Grenzraten anstelle der Ableitung (z. B. Grenzkosten, Grenzproduktivität eines Produktionsfaktors etc.).

Dieser Artikel erklärt außerdem die mathematischen Begriffe: *Differenzenquotient, Differentialquotient, Differentiation, stetig differenzierbar, glatt, partielle Ableitung, totale Ableitung, Reduktion* des Grades eines Polynoms.

Singen Mai 2024

Christian Stetter

(1) Approximation <Näherungsverfahren

Integral:

(1) $\int_{-0,051063878}^{1,2021276} (4 x^4 -3x^3) (-\frac{1}{x^{\frac{2}{}}}) +6 = : (4\frac{1}{5} x 5 -3$

$\frac{1}{4} x 4) (\frac{1}{x}) + 6x) :^{1,2021276}_{-0,051063837}$

$= (4\frac{1}{5}(1,2021276)^5 - 3\frac{1}{4}(1,2021276)^4 (-$

$\frac{1}{1,2021276}) 6 (1,2021276))$

$- 4\frac{1}{5}(-0,051063878)^5 - 3\frac{1}{4}(-0,051063878)^4$

$(-\frac{1}{-0,01063878}) + 6 (-0,051063878))$

$= 11,40591893 - (- 3,087396707 \ 10^{-5}) =$
$11,4059498$ cm^2

(2) $\int_{0,8510638266}^{1,70211866} (4 x^4 - 3 x^3) (-\frac{1}{x^{\frac{2}{}}}) = : ((4\frac{1}{5} 5 - 3$

$\frac{1}{4} 4) (\frac{1}{x})) :^{1,70211866} \, {}_{0,8510638266}$

$= ((4\frac{1}{5}(1,70211866)^5 - 3\frac{1}{4}(1,70211866)^4$

$(\frac{1}{1,70211866}))$

$$=((4\,\tfrac{1}{5}\,(0{,}8510638266)^{5} - 3\,\tfrac{1}{4}\,(0{,}8510638266)^{4}$$

$$(\frac{1}{0{,}8510638266})$$

$$= 7{,}731269922 - (-0{,}1051341848)) =$$

$$7{,}836404107 \text{ cm}^{2}$$

(3) $\displaystyle\int_{91{,}91184361}^{268{,}0802064}(\cos x) = \vdots\ \sin x\ \vdots\ ^{268,\,0802064}\ {}_{91,\,91184361}$

$$= \sin(268{,}0802064) - \sin(91{,}9118436) = -1.$$
$$998882043 \text{ cm}^{2}$$

(4) $\displaystyle\int_{0{,}2127654522}^{1{,}063824782}\frac{1}{2\sqrt{x}} = \vdots\ \sqrt{x}\ \vdots\ ^{1,063824782}\ {}_{0,212765422} =$

$$\sqrt{1{,}063824782}\qquad \sqrt{0{,}2127654522}\ = 0,$$
$$8855920315 \text{ cm}^{2}$$

(5) $\displaystyle\int_{0{,}215314144}^{6}(\frac{1}{x}) = \vdots\ \ln x\ \vdots\ ^{6}\ {}_{0,215314144} = \ln\ 6 - (\ln$

$$0{,}215314144) = 3{,}327416552 \text{ cm}^{2}$$

(6) $\displaystyle\int_{0{,}1}^{1{,}063829787}(\frac{3\,x^{2}}{4\,\sin\frac{4}{x}} - 10) = \vdots\ \frac{3}{\cos\frac{4}{x}}\ \vdots\ ^{1,063829787}\ {}_{0,1}$

$$(\frac{3}{\cos\frac{4}{(1{,}063829787)}}) - (\frac{3}{\cos\frac{4}{(0{,}1)}})$$
$$= 3{,}006471451 - 3{,}916221868 = -$$
$$0{,}909750417 \text{ cm}^{2}$$

(7) $\displaystyle\int_{-2{,}340425532}^{2{,}340425532}(\cos x - (-\frac{1}{x^{2}}) = \vdots\ \sin x - \frac{1}{x}\ \vdots\ ^{2,340425532}$

$$-2{,}340425532$$

$$= (\sin 2{,}340425532) - \frac{1}{2{,}340425532} - (\sin - 2{,}340425532) - \frac{1}{-2{,}23340425532}$$

$$= -0{,}38643595454 - (0{,}3864351545) = -0{,}7778714091$$

(8) $\int_{-1{,}063829787}^{1{,}919843617} (4x^4 - 6x^3 - 10x^2) = \vdots\ 4\frac{1}{5}x^5 - 6\frac{1}{4}x^4 - \frac{1}{3}10x^3 \vdots\ {}^{1{,}919843617}\ {}_{1{,}063829787}$

$$= 4\frac{1}{5}(1{,}919843617)^5 - 6\frac{1}{4}(1{,}919843617)^4 - \frac{1}{3}10(1{,}919843617)^3$$

$$-\left(4\frac{1}{5}(-1{,}063829787)^5 - 6\frac{1}{4}(-1{,}063829787)^4 - \frac{1}{3}10(-1{,}063829787)^3\right)$$

$$= -23{,}0998309 - (1{,}001947545) = -24{,}10177845\ cm^2$$

(9) $\int_{0}^{2{,}340425532} (4x^3 - 4x^2) = \vdots\ 4\frac{1}{4}x^4 - 4\frac{1}{3}x^3 \vdots\ {}^{2{,}340425532}\ {}_{0}$

$$= 4\frac{1}{4}(2{,}340425532)^4 - 4\frac{1}{3}(2{,}340425532)^3$$

$$= -9{,}592191252\ cm^2$$

$$(10)\quad \int_0^{2,127659574}(4x^3 - 4x^2) = : 4\frac{1}{4}x^4 - 4\frac{1}{3}x^3 -:$$

$$\begin{matrix}2,127659574\\0\end{matrix}$$

$$= 4\frac{1}{4}(2,12769574)^4 - 4\frac{1}{3}(2,12769574)^3$$

$$= -7,719390363 \text{ cm}^2$$

$$(11)\quad \int_0^{1,914893617}(4x^3 - 4x^2) = : 4\frac{1}{4}x^4 - 4\frac{1}{3}x^3 :$$

$$\begin{matrix}1,914893617\\0\end{matrix}$$

$$= 4\frac{1}{4}(1,914893617)^4 - 4\frac{1}{3}(1,914893617)^3$$

$$= -6,000699636 \text{ cm}^2$$

Kommen wir nun zu einem Graph, der oberhalb der +x-Achse eine Fläche hat. Die Kurve schneidet die x-Achse beim Nullpunkt und je nach Aufgabe verschieden auf einem Punkt der x-Achse

$$(12)\quad \int_0^{1,919893617}(16x^2 - 8x^3) = : 16\frac{1}{3}x^3 -$$

$$8\frac{1}{4}x^4 : \begin{matrix}1,919893617\\0\end{matrix}$$

$$(16\frac{1}{3}(1,919893617)^3 - 8\frac{1}{4}(1,919893617)^4) - 0 =$$

$$10,55724749 \text{ cm}^2$$

$$(13)\quad \int_0^{1,489361702}(15x^2 - 10x^3) = : 15\frac{1}{3}x^3$$

$$-10\frac{1}{4}x^4 : \begin{matrix}1,489361702\\0\end{matrix}$$

$$(15\tfrac{1}{3}(1,489361702)^3 - 10\tfrac{1}{4}(1,489361702)^4$$

$$0 = 4,217188807 \text{cm}^2$$

(14) $\displaystyle\int_0^{2,978723404}(12x^2 - 2x^3) = \vdots\ 12\tfrac{1}{3}x^3 -$

$$2\tfrac{1}{4}x^4 \vdots\ ^{2,978723404}\ _0$$

$$(21\tfrac{1}{3}(2,978723404)^3 - 2\tfrac{1}{4}(2,978723404)^4) -$$

$$0 = \quad 145,6439468 \text{ cm}^2$$

(15) $\displaystyle\int_0^{1,276595745}(13x^2 - 10x^3) = \vdots\ 13\tfrac{1}{3}x^3$

$$- 10\tfrac{1}{4}x^4 \vdots\ ^{1,276595745}\ _0$$

$$(13\tfrac{1}{3}(1,276595745)^3 - 10\tfrac{1}{4}(1,276595745)^4) - 0$$

$$= 2,375565124 \text{ cm}^2$$

(16) $\displaystyle\int_0^{1,489361702}(14x^2 - 9x^3) = \vdots\ 14\tfrac{1}{3}x^3 -$

$$9\tfrac{1}{4}x^4 \vdots\ ^{1,489361702}\ _0$$

$$(14\tfrac{1}{3}(1,489361702)^3 - 9\tfrac{1}{4}(1,489361702)^4) -$$

$$0 = 4,346356521 \text{ cm}^2$$

(17) $\displaystyle\int_0^{1,489361702}(10x^2 - 8x^3) = \vdots\ 10\tfrac{1}{3}x^3 -$

$$8\tfrac{1}{4}x^4 \vdots\ ^{1,489361702}\ _0$$

$$(10\tfrac{1}{3}(1,489361702)^3 - 8\tfrac{1}{4}(1,489361702)^4) -$$

$$0 = 1,171524669 \text{ cm}^2$$

(18) $\quad \int_0^{1,70212766} (8x^2 - 5x^3) = : 8\frac{1}{3}x^3 - 5\frac{1}{4}$

$x^4 :\ _0^{1,70212766}$

$(8\frac{1}{3}(1,70212766)^3 - 5\frac{1}{4}(1,70212766)^4) - 0 =$

$2,658097253 \ cm^2$

Differential

Beispiel (1)

Es sei folgende Formel gegeben: $y = 2x^2 - x^4$
Gesucht sei:
Maxima und Minima (1)
Wendepunkte (2)
Lösung:
Zu 1.:
1. Bedingung : $y` = 0$

$y = 2x^2 - x^4$; $\quad y` = 4x - 4x^3 \gg y` = 0$
$4x - 4x^3 = 0 \gg 4x(1 - x^2) = 0$

Ein Produkt ist Null, wenn ein Faktor Null ist. Der Faktor 4 x ist Null,
wenn x1 = 0 ist. Der Faktor $(1- x^2)$ ist Null, wenn
x2 = 1 und x3 = -1 gilt.
Probe:

$0\times (1- x^2) = 0$
$4 \times 1 (1-1^2) = 0$
$1 \times 1 (1- (-1)^2)$

2.
Bedingung y ```= 0 (negativ oder positiv)
Für x1 = 0 ist y`` = 4 , also y ein Minimum
$$y (min) = 0$$
für x2 = 1 ist y`` = -8, also y ein Maximum
$$y (max) = 1$$
für x3 = -1 ist y`` = -8, also y ein Maximum
$$y (max) = 1$$

Zu 2.:
2. Bedingung y`` = 0

$$x` = \frac{4}{12} = \frac{1}{3}$$

$$x1 = + \sqrt{\frac{1}{3}}$$

$$x2 = - \sqrt{\frac{1}{3}}$$

1.Bedingung y `` $\neq 0$

für x1 ist y ``` $= -\dfrac{24}{\sqrt{3}}$; daher Wendepunkt W 1

für x2 ist y ``` $= \dfrac{24}{\sqrt{3}}$; daher Wendepunkt W 2

Die Koordinaten hierfür sind:

$$x1 = +\sqrt{\dfrac{1}{3}} \quad y1 = 2\left(\sqrt{\dfrac{1}{3}}\right)^2 - \left(\sqrt{\dfrac{1}{3}}\right)^4 = \dfrac{5}{9}$$

$$x2 = -\sqrt{\dfrac{1}{3}} \quad y2 = \dfrac{5}{9}$$

Beispiel (2):

Es sei folgende Formel gegeben:
$$y = 5x^3 + 6x^4 + 6x^2 + 10$$
Gesucht sei:
Maxima und Minima (1)
Wendepunkte (2)

Erste Bedingung: y = 0

$$y = 5x^3 + 6x^4 + 6x^2 + 10$$
$$y` = x^2(15 + 24x + 6)$$

Der Faktor x ist Null, wenn x1 = 0 ist.
Der Faktor $(15 + 4 + x^2)$ ist Null, wenn x2 = 1 und x3 = -1 ist.

Zweite Bedingung: y `` = 0 (negativ oder positiv)

für x1 = 0 ist y `` = 0, also y ein Minimum

$$y \, (min) = 0$$

für x2 = 1, ist y `` = -15, also y ein Maximum

$$y \, (max) = 0$$

für x3 = -1, ist y ``= 15, also ein Minimum

$$y \, (min) = 0$$

1. Bedingung:

$$y = `` \, 0$$
$$y``` = 30x + 72x^2 \; ; \; 30\,x + 72\,x^2 = 0$$

$$x1 = \sqrt{\frac{30}{72}} \quad ; \quad - \sqrt{\frac{30}{72}} \quad ; \quad y``` = 144\,x$$

1. Bedingung:

$$y``` = 0$$
$$y``` = 144x$$

für x1 ist $y = - \dfrac{144}{\sqrt{\dfrac{30}{72}}}$

für x2 ist $y = +\dfrac{144}{\sqrt{\dfrac{30}{72}}}$

Die Koordinaten hierfür sind:

$$x\,1 = 5\left(\sqrt{\dfrac{30}{72}}\right)^3 + 6\left(\sqrt{\dfrac{30}{72}}\right)^4 + \left(\sqrt{\dfrac{30}{72}}\right) + 10 = 10,$$
13241924
x2 = - 10, 13241924

Beispiel (3):

Es sei folgende Formel gegeben:
$y = 3x^2 + 2x^4 + \sqrt{x} - 9$

Gesucht sei:
Maxima und Minima (1)
Wendepunkte (2)
Erste Bedingung: y = 0

$y` = 3x^2 + 2x^4 + \sqrt{x} - 9$
$y` = 9x^4 + 8x^3 + \dfrac{1}{2\sqrt{x}}$

Der Faktor x ist Null, wenn x = 0 ist. Der Faktor (18+24x) ist Null

Zweite Bedingung: y `` = 0 (negativ oder positiv)

Für x1 ist y `` = 1/16, also y ein Minimum

$$y \, (min) = 0$$

Für x2 ist y `` = 42+ 1/16, also y ein Maximum

$$y \, (max) ==$$

Für x3 ist y `` = -6 + 1/16, also y ein Minimum

$$y \, (\, min \,) = 0$$

1. Bedingung:

$y `` = 0$

$$y`` = 18 \, x + 24 \, x \, 2 + \left(-\frac{1}{4} \times \frac{1}{\sqrt{x^{\frac{3}{}}}}\right)$$

$$18 \, x \, 3 + 24 \, x \, 4 = -\frac{1}{4} \times \frac{1}{\sqrt{x^{\frac{5}{}}}}$$

$$= \left(-\frac{1}{4} \times \frac{1}{\sqrt{x^{\frac{3}{}}}}\right)$$

$$(18 \, x \, 3 + 24 \, x \, 4) \, \sqrt{x^{\frac{3}{}}} = -\frac{1}{4}$$

$$x^3 \, (18 \times 24 \, x) \, \sqrt{x^{\frac{3}{}}} = -\frac{1}{4}$$

$$\sqrt{x}\,(18 + 24\,x) = -\frac{1}{4} \qquad\qquad x_{1,2} = \pm\frac{p}{2} +$$

$$\sqrt{\left(\frac{p}{2}\right)^{2} + q}$$

$$x\,(18+24x) = -\frac{1}{16}$$

$$24\,x^{2} + 18\,x + \frac{1}{16} = 0$$

$$x^{2} + \frac{3}{4}\,x + \frac{1}{384} = 0$$

$$x_1 = +\frac{3}{8} + \sqrt{\left(\frac{9}{64}\right) + \frac{1}{384}} = 0{,}7534562943$$

$$x_2 = -\,0{,}7534562943$$

2. Bedingung: y `` = 0

$$y\ ``` = 18 + 48x + \frac{3}{8} - \frac{1}{\sqrt{5}}$$

für x1 ist $y = \sqrt{18 + 48} + \dfrac{3}{8}\ \dfrac{1}{\sqrt{5}}\ /\ 0{,}7534562943 = 8,$
346619462

für x2 ist $y = -(\sqrt{18 + 48} + \dfrac{3}{8}\ \dfrac{1}{\sqrt{5}}\ /\ {-0{,}7534562943}) =$
- 8, 346619462

Die Koordinaten hierfür sind:

$$x_1 = 3\,(0{,}7534562943)^{3} + 2\,(0{,}7534562943)^{4} +$$
$$\sqrt{0{,}7534562943}\ -9 = -\,6,\,204219772$$
$$x_2 = 6,\,204219772$$

Beispiel 4:

Es sei folgende Formel gegeben:
$y = 6 x^4 + 4 x^5 + 7 x^2 + 9$

Gesucht sei:
Maxima und Minima (1)
Wendepunkte (2)

Erste Bedingung: $y = 0$

$y = 6 x^4 + 4 x^5 + 7 x^2 + 9$
$y` = 24 x^3 + 20 x^4 + 14 x$

Zweite Bedingung: $y`` = 0$
Für $x_1 = 0$ ist $y`` = 14$, also y ein Minimum

$$y(min) = 0$$
Für $x_2 = 1$ ist $y`` = 136$, also y ein Minimum
$$y(max) = 0$$
Für $x_3 = -1$ ist $y`` = 42$, also ein Minimum
$$y(min) = 0$$

1. Bedingung:

$y`` = 0$
$y`` = 42 x^2 + 80 x^3 + 14$

$$x1 = \sqrt{\frac{50}{160}} \qquad\qquad x2 = -\sqrt{\frac{50}{160}}$$

$$y`` = 320$$

1. Bedingung: $y``` = 0$

$$y``` = 320 \, x$$

Für x1 ist $y = \dfrac{-320}{\sqrt{\frac{64}{160}}}$

Für x2 ist $y = \dfrac{320}{\sqrt{\frac{64}{160}}}$

Die Koordinaten hierfür sind:

$$x\,1 = 6\left(\sqrt{\frac{64}{160}}\right)^4 + 4\left(\sqrt{\frac{64}{160}}\right)^5 + 7\left(\sqrt{\frac{64}{160}}\right)^2 + 9 = 12,800477$$

$$x2 = -\,12,800477$$

Beispiel (5):

Es sei folgende Formel gegeben:

$$y = 2\,x^4 + 3\,x^5 + 3\,x^2 + 19$$

Gesucht sei:
Maxima und Minima (1)
Wendepunkte (2)

Erste Bedingung: y `` =0

Für x1 =0 ist y `` = 6, also y ein Minimum

$$y\,(min)=0$$

Für x2 =0 ist y `` = 90, also y ein Maximum

$$y(\;max)=0$$

Für x3 = -1 ist y `` = -30, also ein Minimum

$$y\text{-}\;(min)=0$$

1. Bedingung:

$$y```= 0$$

$$y```= 48\,x + 180\,x^{2}$$

$$x1 = \sqrt{\frac{68}{160}} \qquad\qquad x2 = -\sqrt{\frac{68}{160}}$$

$$y```=360\,x$$

1. Bedingung: $y''' = 0$

$y'' = 360x$

Für x1 ist $y = \dfrac{360}{\sqrt{\dfrac{48}{160}}}$

Für x2 ist $y = -\dfrac{360}{\sqrt{\dfrac{48}{160}}}$

Die Koordinaten hierfür sind:

$$x\,1 = 2\left(\sqrt{\dfrac{48}{160}}\right)^4 + 3\left(\sqrt{\dfrac{48}{160}}\right)^5 + 3\left(\sqrt{\dfrac{48}{160}}\right)^2 + 19 = 20,$$

277

x2 = - 20, 277

Kurvendiskussion:

(1)

Funktion: $y = 6\,x\,4 - 2\,x\,4$

1. Nullstellen:

$y = 6\,x^2 - 2\,x^4$

$\quad = 2\,x\,2\,(3 + x^2)\qquad\qquad\qquad 0 = 2\,x^2\,(3 - x^2)$

Wenn ein Faktor Null ist, wird auch das Produkt Null.-

$2\,x^2 = 0 \quad \gg \quad x1 = 0$

$3 - x^2 = 0 \quad \gg \quad x1 = \sqrt{3}\ ;\quad x2 = -\sqrt{3}$

1. Schnittpunkte mit der y-Achse:

$$y = 6\sqrt{0,50}^{\,2} + 2\times 0^{\,4} = 0$$
$$x = 0 \quad \gg \quad y = 0$$

1. Verhalten im Unendlichen:

$$x \gg +\infty \quad ; \quad y = 6\times \infty^{\,2} - 2\times\infty^{\,4} = -\infty$$
$$x \gg -\infty \quad ; \quad y = 6\times -\infty^{\,2} - (-2\times\infty)^{\,4} = -\infty$$

1. Extremwerte:
y `= 0 setzen und Gleichung nach x auflösen

$$y = 6x^{\,2} - 2x^{\,4}$$
$$y\,{`} = 12x - 8x^{\,3}$$
$$0 = 12x - 8x^{\,3}$$
$$0 = 8x(1,5 - x\,2)$$
$$x = 0 \quad \gg \quad x4 = 0; \; x5 = \sqrt{1,5} \quad ; \quad x6 = -\sqrt{1,5}$$

x4, x5 und x6 sind die x-Koordinaten der Extremwerte. Um festzustellen, ob ein Maximum oder Minimum vorliegen, werden dieselben in die zweite Ableitung eingesetzt.

Für y ``> 0 Minimum
Für y ` < 0 Maximum

$$y`` = 12 - 24\,x$$

$x4 = 0$ $\qquad\qquad \gg y`` = +12 > 0$

$\qquad$ **min**

$x5 = \sqrt{0,5}$ $\qquad\qquad \gg y`` = -24 < 0$

$\qquad$ **max**

$x6 = \sqrt{1,5}$ $\qquad\qquad \gg y`` = -24 < 0$

$\qquad$ **max**

Wenn man die x-Werte in die Stammfunktion einsetzt, kann man die y-Werte der Extrempunkte berechnen.

$x1 = 0$ $\qquad\qquad\qquad\qquad y4 = 0$

$x5 = \sqrt{1,5}$ $\qquad\qquad\qquad y5 = 4{,}5$

$x6 = -\sqrt{1,5}$ $\qquad\qquad\quad y6 = 4{,}5$

1. Wendepunkte:

Erste Bedingung:
y ``=0 setzen und Gleichung nach x auflösen.

$$y`` = 12 - 24\,x^2$$
$$0 = 12 - 24\,x^2$$
$$x2 = \frac{12}{24} = 0{,}5$$

Die y-Koordinaten ergeben sich durch Einsetzen von x in die Ausgangsfunktion:

$x7 = \sqrt{0,5}$ $\gg$ $y7 = 2,5$

$x8 = -\sqrt{0,5}$ $\gg$ $y8 = 2,5$

Zweite Bedingung:

Die dritte oder eine höhere ungerade Ableitung müssen $\neq 0$ sein.

$y\grave{} = 12x - 8x^2 = 8x(1,5 - x)$

$y\grave{}\grave{} = -48x$

Die x-Werte der Wendepunkte setzt man in $y\grave{}$ und $y\grave{}\grave{}\grave{}$ ein:

$x7 = \sqrt{0,5}$

$y\grave{} = 8\sqrt{0,5}(1,5 - 0,5) = 5,656$ $\qquad \neq 0$

$y\grave{}\grave{}\grave{} = -48\sqrt{0,5} = -33,94$ $\qquad \neq 0$

$x8 = -\sqrt{0,5}$

$y\grave{} = 8 -\sqrt{0,5}(1,5 - 0,5) = -5,656$ $\qquad \neq 0$

$y\grave{}\grave{}\grave{} = -48 - (\sqrt{0,5}) = +33,94$ $\qquad \neq 0$

Beide Bedingungen sind damit erfüllt.
1. Zusammenstellung der ermittelten Punkte:

P1 $(0 \vdots 0)$
P2 $(\sqrt{3} \vdots 0)$
   Nullstellen
P3 $(-\sqrt{3} \vdots 0)$

P4 $(0 \vdots 0)$ **min**

P5 $(\sqrt{1,5} \vdots 4,5)$ **max**
P6 $(-\sqrt{1,5} \vdots 4,5)$

P7 $(\sqrt{0,5} \vdots 2,5)$ **Wendepunkte**
P8 $(-\sqrt{1,5} \vdots 2,5)$

(2)

Funktion: $y = 8\,x^{2} + 6\,x^{4}$

1. Nullstellen:
$$y = 8\,x^{2} + 4\,x^{4}$$
$$= 2\,x^{2}\,(4 + 2\,x^{2}) \qquad\qquad 0 = 2\,x^{2}\,(4 + 2\,x^{2})$$

Wenn ein Faktor Null ist, wird auch das Produkt Null.-

$2 x^2 = 0 \qquad \gg \quad x1 = 0$

$4 - 2 x^2 = 0 \quad \gg \qquad x2 = \sqrt{2} \ ; \quad x3 = - \sqrt{2}$

Wenn ein Faktor Null ist, wird auch das Produkt Null.

$2 x^2 = 0 \qquad x1 = 0$

$4 - 2 x^2 = 0 \gg \quad x2 = \sqrt{2} \ ; \quad x3 = - \sqrt{2}$

1. **Schnittpunkte mit der y-Achse:**

$x = 0 \ ; \quad x \ 0^2 + 6 \ 0^4 = 0$

$x = 0 \ ; \quad x = 0$

1. **Verhalten im Unendlichen:**

$x \quad \gg \infty$

$x = \ \gg \ \gg \ 8 \ \infty^2 - 6 \ \infty^4 = \infty$

$x = - \infty \qquad \gg \quad 8 \ (-\infty)^2 + 6 \ (-\infty)^4 = \infty$

1. **Extremwerte:**

y`=0 setzen und Gleichung nach x auflösen:

$y = 8 x^2 + 6 x^4$

$y` = 16x + 24 x^3$

$0 = 16x + 24 x^3 = 8x (1 - 3x^2)$

$x4 = 0$

$1 - 3x^2 = 0$

$$x5 = \sqrt{\frac{2}{3}} \qquad x6 = -\sqrt{\frac{2}{3}}$$

x4, x5 und x6 sind die x-Koordinaten der Extremwerte. Um festzustellen, ob ein Maximum oder Minimum vorliegen, werden dieselben in die zweite Ableitung eingesetzt.

Für y`` > 0 Minimum

Für y´´< 0 Maximum

$y`` = 16 - 72\,x^2$

$x4 = 0 \qquad \gg \qquad y`` = 16$ min

$$x5 = \sqrt{\frac{2}{3}} \qquad \gg \qquad y`` = -32 \text{ max}$$

$$x6 = -\sqrt{\frac{2}{3}} \qquad \gg \qquad y`` = -32 \text{ max}$$

Wenn man die x-Werte in die Stammfunktion einsetzt, kann man die y-Werte der Extrempunkte berechnen:

$x4 = 0 \qquad y4 = 0$

$$x5 = \sqrt{\frac{2}{3}} \qquad y5 = -2$$

$$x6 = -\sqrt{\frac{2}{3}} \qquad y6 = -2$$

1. Wendepunkte:

Erste Bedingung:
$y`` = 0$ setzen und Gleichung nach x auflösen.

$$y`` = 16 - 72\,x^2$$
$$0 = 16 - 72\,x^2$$
$$x\,2 = \frac{16}{72} \quad \gg \quad x = \sqrt{0,2}$$

Die y-Koordinaten ergeben sich durch Einsetzen von x in die Ausgangsfunktion.

$$x2 = \sqrt{0,2} \qquad\qquad y7 = 1,16$$
$$x3 = -\sqrt{0,2} \qquad\qquad y8 = 1,16$$

Zweite Bedingung:
Die dritte oder eine höhere ungerade Ableitung muss $\neq 0$ sein.
$$y`` = 48\,(1 - 3\,x^2)$$
$$y``` = -144\,x$$

Die x-Werte der Wendepunkte setzt man in $y`$ und $y``$ ein:
$$x7 = \sqrt{0,2}$$
$$y` = 16\sqrt{0,2} - 24\,(\sqrt{0,2})\,3 = -5,008$$
$$y``` = -144\sqrt{0,2} = -64,398$$

$x8 = -\sqrt{0,2}$

$y` = 16(-\sqrt{0,2}) - (24 - \sqrt{0,2})\, 3 = 5{,}008$

$y``` = -144\,(-\sqrt{0,2}) = 64{,}398$

Beide Bedingungen sind damit erfüllt.

1. Zusammenstellung der ermittelten Punkte

$P1 = (0 \;\vdots\; 0)$

$P2 = (\sqrt{2} \;\vdots\; 0)$ **Nullstellen**

$P3 = (\sqrt{2} \;\vdots\; 0)$

$P4 = (0 \;\vdots\; 0)$ **min**

$P5 = \left(\sqrt{\dfrac{2}{3}} \;\vdots\; 16\right)$ **max**

$P6 = \left(\sqrt{\dfrac{2}{3}} \;\vdots\; 16\right)$

$P7 = (\sqrt{0,2} \;\vdots\; 5{,}008)$

$P8 = (\sqrt{0,2} \;\vdots\; 5{,}008)$ **Wendepunkte**

(3)

Funktion: $y = 18\,x^2 - 24\,x^4$

1. Nullstellen:

$y = 18\,x^2 + 24\,x^4$

$= 6\,x^2\,(3 - 4\,x^2)$ $\qquad\qquad$ $0 = 6\,x^2\,(3 - 4\,x^2)$

Wenn ein Faktor Null ist, wird auch das Produkt Null.-

$6\,x^2 = 0 \qquad \gg \quad x1 = 0$

$3 - 4\,x^2 = 0 \quad \gg \qquad x2 = \sqrt{\dfrac{3}{4}} \;\; ; \quad x3 = -\sqrt{\dfrac{3}{4}}$

1. Schnittpunkte mit der y-Achse:

$y = 18\,0^2 - 24\,0^4$

1. Verhalten im Unendlichen:

$x \quad \gg \infty$

$x = \quad \infty \gg y = 18\,\infty^2 - 24\,\infty^4 = -\infty$

$x = -\infty \quad \gg y = 8\,(-\infty)^2 + 6\,(-\infty)^4 = -\infty$

1. Extremwerte:

y`=0 setzen und Gleichung nach x auflösen:

$y = 18x^2 - 24x^4$ $\qquad\qquad$ $6x = 0 \quad \gg \quad x2 = 0$

$y` = 36x - 96x^3$ $\qquad\qquad$ $6 \quad 16x^2 = 0 \quad \gg \quad x5 = \sqrt{\dfrac{6}{16}}$

$0 = 36x - 96x^3 =$ $\qquad\qquad\qquad x6 = -\sqrt{\dfrac{6}{16}}$

$\qquad = 6x(6 - 16x^2)$

x4, x5 und x6 sind die x-Koordinaten der Extremwerte. Um festzustellen, ob ein Maximum oder Minimum vorliegen, werden dieselben in die zweite Ableitung eingesetzt.

Für y``> 0 Minimum
Für y`` <0 Maximum

$y` = 36 - 288x^2$
$x2 = 0 \qquad \gg \qquad y`` = 36$
$x5 = 1 \qquad \gg \qquad y`` = -232$
$x6 = -1 \qquad \gg \qquad y`` = -232$

Wenn man die x-Werte in die Stammfunktion einsetzt, kann man die y- Werte der Extrempunkte berechnen:

$$x4 = 0 \quad \gg \quad y4 = 0$$

$$x5 = \sqrt{\frac{6}{16}} \qquad y5 = 2{,}375$$

$$x6 = -\sqrt{\frac{6}{16}} \qquad y6 = 3{,}375$$

1. Wendepunkte:

Erste Bedingung:

y``= 0 setzen und Gleichung nach x auflösen:

$$y`` = 36 - 268\,x^3$$
$$0 = 36 - 268\,x^3$$
$$x\,2 = \frac{36}{268} = \frac{9}{67}$$

Die y-Koordinaten ergeben sich durch Einsetzen von x in die Ausgangsfunktion.

$$x2 = \sqrt{\frac{9}{67}} \qquad y7 = 1{,}984$$

$$x3 = -\sqrt{\frac{9}{67}} \qquad y8 = 1{,}984$$

Zweite Bedingung:

Die dritte oder eine höhere ungerade Ableitung müssen $\neq 0$ sein.
$$y\,{}^{\backprime}=36\,x - 96\,x^{\,3}$$
$$y\,{}^{\backprime\backprime\backprime}= -536\,x$$

Die x-Werte der Wendepunkte setzt man in $y\,{}^{\backprime}$ und $y\,{}^{\backprime\backprime\backprime}$ ein.

$$x7 = \sqrt{\frac{9}{67}}$$

$$y\,{}^{\backprime}= 6\,\sqrt{\frac{9}{67}}\,\left(3 - \frac{9}{67}\right) = 6,3017$$

$$y\,{}^{\backprime\backprime\backprime}= -536\,\sqrt{\frac{9}{67}} = -196,44817$$

$$x8 = -\sqrt{\frac{9}{67}}$$

$$y\,{}^{\backprime} = 6 - \sqrt{\frac{9}{67}}\,\left(3 - \frac{9}{67}\right) - 6,3017$$

$$y\,{}^{\backprime\backprime\backprime}= 536\,\sqrt{\frac{9}{67}} = +196,44187$$

Beide Bedingungen sind damit erfüllt.

6.- Zusammenstellung der ermittelten Punkte.

$$P1 = (0 \,\vdots\, 0)$$

$$P2 = (\sqrt{\frac{3}{4}} \,\vdots\, 0)$$

Nullstellen

$$P3 = (\sqrt{\frac{3}{4}} \,\vdots\, 0)$$

$$P4 = (0 \,\vdots\, 0)$$

min.

$$P5 = (\sqrt{\frac{6}{16}} \,\vdots\, 6,3017)$$

max.

$$P6 = (-\sqrt{\frac{6}{16}} \,\vdots\, -6,3017)$$

$$P7 = (\sqrt{\frac{9}{67}} \,\vdots\, 1,984)$$

Wendepunkte

$$P8 = (-\sqrt{\frac{6}{16}} \,\vdots\, 1,984)$$

**Die in ein Koordinatensystem eingetragenen
Punkte lassen den Verlauf der Kurve erkennen.**

(4)

Funktion: $y = 6x^2 - 18x^4$

1. Nullstellen:

$y = 6x^2 + 18x^4$
$0 = 6x(1 - 3x^2)$

Wenn ein Faktor Null ist, wird auch das Produkt Null.

$6x^2 = 0 \qquad\qquad x1 = 0$

$1 - 3x^2 = 0 \qquad\qquad x2 = \sqrt{\dfrac{1}{3}} \qquad x3 = -\sqrt{\dfrac{1}{3}}$

1. Schnittpunkte mit der y-Achse:

$y = 6 \cdot 0^2 - 18 \cdot 0^4 = 0$

1. Verhalten im Unendlichen:

$x \gg \infty$
$x = \gg \gg y = 6 \cdot \infty^2 - 18 \cdot \infty^4 = -\infty$
$x = -\infty \gg y = 6(-\infty)^2 + 18(-\infty)^4 = -\infty$

1. Extremwerte:
$y` = 0$ setzen und Gleichung nach x auflösen.

$y = 6 x^2 - 18 x^4$ $\qquad$ $12x = 0$ $\gg$ $x2 = 0$

$y` = 12x - 72 x^3$ $\qquad$ $(1-16 x^2) = 0$ $\gg$ $x5 = \sqrt{\frac{1}{6}}$

$0 = 12x - 72 x^3 =$ $\qquad$ $x6 = -\sqrt{\frac{1}{6}}$

$\quad = 12 x (1-6 x^2)$

x4, x5 und x6 sind die x-Koordinaten der Extremwerte. Um festzustellen, ob ein Maximum oder Minimum vorliegen, werden dieselben in die zweite Ableitung eingesetzt.

Für $y``> 0$ Minimum
Für $y`` < 0$ Maximum

$y`` = 12 - 216 x^2$
$x2 = 0$ $\qquad \gg \qquad$ $y`` = 12$
$x5 = 1$ $\qquad \gg \qquad$ $y`` = -24$
$x6 = -1$ $\qquad \gg \qquad$ $y`` = -24$

Wenn man die x-Werte in die Stammfunktion einsetzt, kann man die y- Werte der Extrempunkte berechnen:

$$x4 = 0 \quad \gg \quad y4 = 0$$

$$x5 = \sqrt{\frac{1}{6}} \qquad y5 = 0,\ 151777$$

$$x6 = -\sqrt{\frac{6}{16}} \qquad y6 = 0,\ 151777$$

1. Wendepunkte:

Erste Bedingung:

$y`` = 0$ setzen und Gleichung nach x auflösen:

$$y`` = 12 - 216\ x^3$$
$$0 = 12 - 216\ x^3$$
$$x\ 2 = \frac{12}{216} = \frac{1}{18}$$

Die y-Koordinaten ergeben sich durch Einsetzen von x in die Ausgangsfunktion.

$$x2 = \sqrt{\frac{9}{67}} \qquad y7 = 0,1777$$

$$x3 = -\sqrt{\frac{9}{67}} \qquad y8 = 0,1777$$

Zweite Bedingung:

Die dritte oder eine höhere ungerade Ableitung müssen $\neq 0$ sein.

$$y^{\backprime} = 12\,x - 72\,x^3$$
$$y^{\backprime\backprime\backprime} = 218\,x$$

Die x-Werte der Wendepunkte setzt man in $y^{\backprime}$ und $y^{\backprime\backprime\backprime}$ ein.

$$x7 = \sqrt{\frac{1}{18}}$$

$$y^{\backprime} = 6\,\sqrt{\frac{1}{18}}\,(1 - \frac{1}{18}) = 1,3356$$

$$y^{\backprime\backprime\backprime} = -432\,\sqrt{\frac{1}{18}} = -101,827$$

$$x8 = -\sqrt{\frac{1}{18}}$$

$$y^{\backprime} = 6\,(-\sqrt{\frac{9}{67}})\,(1 - \frac{1}{18}) - 1,3356$$

$$y^{\backprime\backprime\backprime} = 432\,\sqrt{\frac{1}{18}} = +101,827$$

Beide Bedingungen sind damit erfüllt.

1. Zusammenstellung der ermittelten Punkte

P1 $(0 \ : \ 0)$

P2 $(\sqrt{\dfrac{1}{3}} \ : \ 0)$

    Nullstellen

P3 $(\sqrt{\dfrac{1}{3}} \ : \ 0)$

P4 $(0 \ : \ 0)$ **min.**

P5 $(\sqrt{\dfrac{1}{6}} \ : \ 1{,}3356)$

    max.

P6 $(-\sqrt{\dfrac{1}{6}} \ : \ -1{,}3356)$

P7 $(\sqrt{\dfrac{1}{18}} \ : \ 0{,}277)$

    Wendepunkte

P8 $(-\sqrt{\dfrac{1}{18}} \ : \ 0{,}277)$

(5)

Funktion:

$$y = 3 x^2 - 6 x^4$$

   1. Nullstellen:

$$y = 3 x^2 + 6 x^4$$
$$0 = 3 x^2 (1 - 2 x^2)$$

Wenn ein Faktor null ist, wird auch das Produkt null.

$$3x^2 = 0 \qquad\qquad x_1 = 0$$

$$1 - 2 x^2 = 0 \qquad\qquad x_2 = \sqrt{\frac{1}{2}} \qquad x_3 = -$$

$$\sqrt{\frac{1}{2}}$$

   1. Schnittpunkte mit der y-Achse:

$$y = 3 \; 0^2 - 6 \, 0^4 = 0$$

1. Verhalten im Unendlichen:

$$x \gg \infty$$
$$x = \infty \gg y = 3\,\infty^2 - 6\,\infty^4 = \infty$$
$$x = -\infty \gg y = 3\,(-\infty)^2 - 6\,(-\infty)^4 = \infty$$

4. Extremwerte

$y` = 0$ setzen und Gleichung nach x auflösen.

$$y = 3\,x^2 - 6\,x^4 \qquad\qquad 6x = 0 \gg x2 = 0$$

$$y` = 6x - 24\,x^3 \qquad\qquad (1 - 4\,x^2) = 0 \gg x5 = \sqrt{\tfrac{1}{2}}$$

$$0 = 6x - 24\,x^3 \qquad\qquad x6 = -\sqrt{\tfrac{1}{2}}$$

x4, x5 und x6 sind die x-Koordinaten der Extremwerte. Um festzustellen, ob ein Maximum oder Minimum vorliegen, werden dieselben in die zweite Ableitung eingesetzt.

Für y`` > 0 Minimum
Für y`` < 0 Maximum

$$y`` = 6 - 72\,x^2$$
$$x2 = 0 \gg y`` = 6$$

$$x5 = \sqrt{\frac{1}{4}} \qquad \gg \qquad y`` = -6$$

$$x6 = -\sqrt{\frac{1}{4}} \qquad \gg \qquad y`` = -6$$

Wenn man die x-Werte in die Stammfunktion einsetzt, kann man die y- Werte der Extrempunkte berechnen:

$$x4 = 0 \qquad \gg \qquad y4 = 0$$

$$x5 = \sqrt{\frac{1}{4}} \qquad\qquad y5 = -0,5625$$

$$x6 = -\sqrt{\frac{1}{4}} \qquad\qquad y6 = -0,5625$$

    1. **Wendepunkte:**

Erste Bedingung:

$y`` = 0$ setzen und Gleichung nach x auflösen:

$$y`` = 6 - 72\,x^3$$
$$0 = 5 - 72\,x^3$$
$$x^2 = \frac{6}{72} = \frac{1}{12}$$

Die y-Koordinaten ergeben sich durch Einsetzen von x in die Ausgangsfunktion.

$$x2 = \sqrt{\frac{1}{12}} \qquad\qquad y7 = -0{,}0208332$$

$$x3 = -\sqrt{\frac{1}{12}} \qquad\qquad y8 = 0{,}0208332$$

Zweite Bedingung:

Die dritte oder eine höhere ungerade Ableitung müssen $\neq 0$ sein.

$$y\,`=6\,x-24\,x^{3}=6x\,(1-4x^{2})$$

$$y\,```= 144\,x$$

Die x-Werte der Wendepunkte setzt man in $y\,`$ und $y\,```$ ein.

$$x7 = \sqrt{\frac{1}{12}}$$

$$y\,`= 3\;\left(\sqrt{\frac{1}{12}}\right)\,\left(1-\frac{1}{12}\right)=9{,}5262$$

$$y\,```=-144\,\sqrt{\frac{1}{12}}=-72$$

$$x8 = -\sqrt{\frac{1}{12}}$$

$$y\,`=3\,\left(-\sqrt{\frac{1}{12}}\right)\,\left(1-\frac{1}{12}\right)-9{,}5262$$

$$y``` = 432 \sqrt{\frac{1}{18}} = +72$$

Beide Bedingungen sind damit erfüllt.

1. Zusammenstellung der ermittelten Punkte:

P1 (0   0)

P2 ($\sqrt{\frac{1}{2}}$ 0)
      Nullstellen

P3 (- $\sqrt{\frac{1}{2}}$ 0)

P4 (0   0)
      min.

P5 ($\sqrt{\frac{1}{4}}$ 9, 5262)
      max.

P6 (- $\sqrt{\frac{1}{4}}$ - 9,5262)

P7 ($\sqrt{\frac{1}{12}}$ 0, 56259
      Wendepunkte

$$P8 \left(- \sqrt{\frac{1}{12}} \quad 0{,}56259\right)$$

(6)

Funktion:

$$y = 18\,x^2 - 81\,x^4$$

1. Nullstellen:

$$y = 18\,x^2 + 81\,x^4$$
$$= 9\,x^2\,(1 - 9\,x^2)$$

Wenn ein Faktor Null ist, wird auch das Produkt Null.

$$9x^2 = 0 \qquad\qquad x1 = 0$$

$$1 - 9\,x^2 = 0 \qquad\qquad x2 = \sqrt{\frac{2}{9}} \qquad x3 = -$$

$$\sqrt{\frac{2}{9}}$$

1. Schnittpunkte mit der y-Achse:

$$y = 18 \;\; 0^2 - 81\;0^4 = 0$$

1. Verhalten im Unendlichen:

$$x \gg \infty$$
$$x = \infty \gg y = 18 \infty^2 - 81 \infty^4 = \infty$$
$$x = -\infty \gg y = 18(-\infty)^2 - 81(-\infty)^4 = \infty$$

1. Extremwerte:

$y` = 0$ setzen und Gleichung nach x auflösen.

$$y = 18 x^2 - 81 x^4 \qquad x1- \gg \quad x2 = 9 x^2$$

$$y` = 36x - 324 x^3 \qquad (1 - 9 x^2) = 0 \gg \quad x5 = \sqrt{\frac{1}{9}}$$

$$0 = 36x - 324 x^3 \qquad x6 = -\sqrt{\frac{1}{9}}$$

x4, x5 und x6 sind die x-Koordinaten der Extremwerte. Um festzustellen, ob ein Maximum oder Minimum vorliegen, werden dieselben in die zweite Ableitung eingesetzt.

Für $y`` > 0$ Minimum
Für $y`` < 0$ Maximum

$$y`` = 36 - 972 x^2$$
$$x2 = 0 \quad \gg \quad y`` = 36$$
$$x5 = 1 \quad \gg \quad y`` = 12$$
$$x6 = -1 \quad \gg \quad y`` = -72$$

Wenn man die x-Werte in die Stammfunktion einsetzt, kann man die y- Werte der Extrempunkte berechnen:

$$x4 = 0 \qquad \gg \qquad y4 = 0$$

$$x5 = \sqrt{\frac{1}{9}} \qquad y5 = -72$$

$$x6 = \sqrt{\frac{1}{9}} \qquad y6 = -72$$

Erste Bedingung:
   1. Wendepunkte:
y``= 0 setzen und Gleichung nach x auflösen:

$$y`` = 36 - 472\, x^{3}$$
$$0 = 36 - 472\, x^{3}$$
$$x^{2} = \frac{36}{472} = \frac{1}{17}$$

Die y-Koordinaten ergeben sich durch Einsetzen von x in die Ausgangsfunktion.

$$x2 = \sqrt{\frac{1}{22}} \qquad\qquad y7 = \frac{1}{2}$$

$$x3 = -\sqrt{\frac{1}{22}} \qquad\qquad y8 = \frac{1}{2}$$

Zweite Bedingung:

Die dritte oder eine höhere ungerade Ableitung müssen $\neq 0$ sein.

$$y\,`=36\,x - 472\,x^{\,3} = 36x\,(1- \frac{118}{8}x^{\,2})$$
$$y\,```=1416\,x$$

Die x-Werte der Wendepunkte setzt man in y` und y ``` ein.

$$x7 = \sqrt{\frac{1}{22}}$$

$$y` = 36\ (\sqrt{\frac{1}{22}})\,(1 - \frac{1}{22}) = 7,326$$

$$y```=- 1416\,\sqrt{\frac{1}{22}} = -408,763$$

$$x8 = -\,\sqrt{\frac{1}{22}}$$

$$y` = 36\,(-\,\sqrt{\frac{1}{22}})\ (1- \frac{1}{22}) - 7,326$$

$$y```= 1416\,\sqrt{\frac{1}{22}} = +\,408,763$$

Beide Bedingungen sind damit erfüllt.

1. Zusammenstellung der ermittelten Punkte:

P1 $(0 \quad 0)$

P2 $(\sqrt{\dfrac{2}{9}} \quad 0)$

    Nullstellen

P3 $(\sqrt{\dfrac{2}{9}} \quad 0)$

P4 $(0 \quad 0)$ **min.**

P5 $(\sqrt{\dfrac{1}{9}} \quad -72)$

    max.

P6 $(\sqrt{\dfrac{2}{9}} \quad -72)$

P7 $(\sqrt{\dfrac{1}{27}} \quad 7,4326)$

    Wendepunkt

P8 $(\sqrt{\dfrac{2}{9}} \quad 7,4326)$

Beispiel für Extremwertaufgaben:

(1)

Die Funktion sei gegeben:

$y = 2 x^3 - 3 x^2 - 36 x$

Gesucht seien Maxima und Minima der Funktion:

Lösung:

$y = 2 x^3 - 3 x^2 - 36 x$

$y` = 6 x^2 - 6 x - 36$

$y`` = 12 x - 6$

$y` = 0 \gg 6 x^2 - 6x - 36 = 0$

$y` = 0 \gg 6 (x^2 - x - 6)$

$x1 = 3 \gg y`` = 12 \times 3 - 6 = 30$

$x2 = -2 \gg y`` = -2 \times 12 - 6 = -30$

Beachtet sei:

Zur Feststellung, ob Extremwerte vorhanden sind, benötigt man jeweils die zweite Ableitung. Oft sind zur Bestimmung von y `` umfangreiche Rechenoperationen erforderlich. Da das Aufzeigen von Wendepunkten bei der Maxima- Minima- Rechnung entfällt, kann der Rechengang in vielen Fällen wie folgt abgekürzt werden:

Liegt die erste Ableitung einer Funktion als Bruch vor.

$$y = f(x) \quad \gg \quad y` = \frac{Z(x)}{N(x)}$$

ermittelt man die zweite Ableitung mit der Quotientenregel

$$y` = \frac{Z(x)}{N(x)} \qquad y` = \frac{N(x)Z`(x)\,Z(x)\,N`(x)}{(N(x))^{\underline{2}}}$$

Zur Extremwertbestimmung muss y`=0 gesetzt werden, dies erfolgt, wenn der Zähler (Z(x)) Null wird.

$$y` = \frac{Z(x)}{N(x)} = 0 \quad \gg \quad Z(x) = 0$$

Die Vereinfachung wird ersichtlich, wenn Z(x) = 0 in y`` eingesetzt wird

$$Z(x) = 0 \quad \gg \quad y`` = \frac{N(x)Z`(x)\,0\,N(x)}{(N(x))^{\underline{2}}}$$

$$y\text{-}`` = \frac{Z`(x)}{N(x)}$$

Die vereinfachte Berechnung heißt dann:

$$y = f(x) \quad \gg \quad y` = \frac{Z(x)}{N(x)} \qquad y` = \frac{Z`(x)}{N(x)}$$

Zahlenbeispiel:

Gegeben sei die Funktion:

$$y = (x^2 - 4,5\,x^2 - 6x)^{1/2}$$

Gesucht seien Maxima und Minima:
Lösung:

$$y = (x^2 - 4{,}5\, x^2 + 6x)^{1/2}$$

$$(x^2 - 4{,}5\, x^2 + 6x) = Z \quad \gg \quad \frac{d\,Z}{d\,r} = 3\,x^2 - 9x + 6$$

$$Z^{1/2} = y \gg \frac{d\,x}{d\,z}\,\tfrac{1}{2}\,y^{-1/2} = \frac{1}{2\sqrt{2}}$$

$$Z = (x^2 - 4{,}5\, x^2 + 6x) = \frac{d\,y}{d\,t} = \frac{1}{2\sqrt{x^3 - 4{,}5\, x^2 + 6x}}$$

$$\frac{d\,Z}{d\,r} \times \frac{d\,y}{d\,t} = y\grave{} = \frac{3\,x^2 - 9x + 6}{2\sqrt{x^3 - 4{,}5\, x^2 + 6x}}$$

2. Ableitung nach der vereinfachten Berechnung:

$$y\grave{} = \frac{Z(x)}{N(x)} = 0 \quad \gg \quad Z(x) = 0$$

$$y\grave{} = 0 \gg \quad 1{,}5\,x^2 - 4{,}5\,x + 3$$

$$x1 = 2 \; ; \; x2 = 1$$

$$Z(x) = 1{,}5\,x^2 - 4{,}5\,x + 3 \quad \gg \quad Z\grave{}(x) = 3x - 4{,}5$$

$$y\grave{}\grave{} = \frac{Z'(x)}{N(x)}$$

$$y\grave{}\grave{} = \frac{3x - 4{,}5}{\sqrt{x^2 - 4{,}5\,x + 6x}} \quad ; \quad x1 = 2 \,,\; y\grave{}\grave{} = \frac{6 - 4{,}5}{\sqrt{8 - 18 + 12}}$$

$$= \frac{1{,}5}{\sqrt{2}} > 0 \quad \min$$

$$x2 = 1 \;\; ; \;\; y\grave{} = \frac{3-4,5}{\sqrt{1-4,5+3}} = \frac{-1,5}{\sqrt{1,5}} \; < \; 0 \; max$$

(2)

Die Funktion sei gegeben:

$y = 2,5\,x^3 - 11,5\,x^2 + 6x$
Gesucht seien Maxima und Minima der Funktion:
Lösung:
$y = 2,5\,x^3 - 11,5\,x^2 + 6\,x$
$y\grave{} = 7,5\,x^2 - 23\,x + 6$
$y\grave{}\grave{} = 15\,x - 23$
$y\grave{} = 0 \;\gg\; 7,5\,x^2 - 23x + 6 = 0$
$y\grave{} = 0 \;\gg\; 6\,(x^2 - x - 6)$
$x1 = 4,5 \;\gg\; y\grave{}\grave{} = 25,898$
$x2 = 1,56 \;\gg\; y\grave{}\grave{} = -2,9$

Beachtet sei:

Zur Feststellung, ob Extremwerte vorhanden sind, benötigt man jeweils die zweite Ableitung. Oft sind zur Bestimmung von y `` umfangreiche Rechenoperationen erforderlich. Da das Aufzeigen von Wendepunkten bei der Maxima- Minima- Rechnung entfällt, kann der Rechengang in vielen Fällen wie folgt abgekürzt werden:

Liegt die erste Ableitung einer Funktion als Bruch vor.

$$y = f(x) \quad \gg \quad y\grave{} = \frac{Z(x)}{N(x)}$$

ermittelt man die zweite Ableitung mit der Quotientenregel

$$y\grave{} = \frac{Z(x)}{N(x)} \qquad y\grave{} = \frac{N(x)Z\grave{}(x)\ Z(x)\ N\grave{}(x)}{(N(x))^{\underline{2}}}$$

Zur Extremwertbestimmung muss $y\grave{}=0$ gesetzt werden, dies erfolgt, wenn der Zähler ($Z(x)$) Null wird.

$$y\grave{} = \frac{Z(x)}{N(x)} = 0 \quad \gg \quad Z(x) = 0$$

Die Vereinfachung wird ersichtlich, wenn $Z(x) = 0$ in $y\grave{}\grave{}$ eingesetzt wird

$$Z(x) = 0 \quad \gg \quad y\grave{}\grave{} = \frac{N(x)Z\grave{}(x)\ 0\ N(x)}{(N(x))^{\underline{2}}}$$

$$y\text{-}\grave{}\grave{} = \frac{Z'(x)}{N(x)}$$

Die vereinfachte Berechnung heißt dann:

$$y = f(x) \quad \gg \quad y\grave{} = \frac{Z(x)}{N(x)} \qquad y\grave{} = \frac{Z'(x)}{N(x)}$$

Zahlenbeispiel:

Gegeben sei die Funktion:

$$y = (2x^3 - 2{,}5\,x^2 + 3{,}5x)^{1/2}$$

Gesucht seien Maxima und Minima:

Lösung:

$y = (2x^3 - 7,5\,x^2 + 3,5x)^{\frac{1}{2}}$

$2\,x^3 = 7,5\,x^2 + 3,5\,x = Z \qquad \dfrac{d\,x}{d\,r}$

$y\,\grave{} = 6\,x^2 - 15x + 3,5$

$Z^{\frac{1}{2}} \gg \dfrac{d\,x}{d\,z}\,\tfrac{1}{2}\,y^{-\frac{1}{2}} = \dfrac{1}{2\sqrt{2}}$

$Z^{\frac{1}{2}} = y \gg \dfrac{d\,x}{d\,z}\,\tfrac{1}{2}\,y^{-\frac{1}{2}} = \dfrac{1}{2\sqrt{2}}$

$Z = (x^2 - 4,5\,x^2 + 6x) =$

$\dfrac{d\,y}{d\,t} = \dfrac{1}{2\sqrt{2x^3 - 2,5\,x^2 + 3,5x}}$

$\dfrac{d\,Z}{d\,r} \times \dfrac{d\,y}{d\,t} = y\,\grave{} = \dfrac{6x^3 - 13x^2 + 6}{2\sqrt{2x^3 - 2,5\,x^2 + 3,5x}}$

Zweite Ableitung nach der vereinfachten Berechnung:

$y\,\grave{} = \dfrac{Z\,(x)}{N\,(x)} = 0 \quad y(x) = 0$

$y\,\grave{} = 0 \gg \quad 6\,x^2 - 7,5\,x + 3,5 = 0$

$x1 = 4,19 \quad ; \quad x2 = 0,13$

$Z(x) = 6\,x^2 - 15\,x + 3,5 \gg \qquad y\,\grave{} = 12x$

$y\,\grave{}\grave{} = \dfrac{Z'\,(x)}{N\,(x)}$

$x1 = 4,19$

$$y` = \frac{12x+2,5}{(2\,x^3-2,5\,x^2+3,5\,x)^{\frac{1}{2}}} = \frac{42,74}{30,115} = 1,4208$$

x2 = 0,13

$$y` = \frac{12x+2,5}{(2\,x^3-2,5\,x^2+3,5\,x)^{\frac{1}{2}}} = \frac{-5,94}{0,876} = -10,299037$$

$$x\,1,2 = \frac{p}{2} \pm \sqrt{\left(\frac{p}{2}\right)^2 - q}$$

$$y = x^2 + px + q$$

(3)

Die Funktion sei gegeben:

$y = 3\,x^3 - 12\,x^2 + 6x$

Gesucht seien Maxima und Minima der Funktion:

Lösung:

$y = 3\,x^3 - 12\,x^2 + 6\,x$

$y` = 9\,x^2 - 24\,x + 6$

$y`` = 18\,x - 24$

$y` = 0 \gg 9\,x^2 - 24x + 6 = 0$

$y` = 0 \gg 3\,(3x^2 - 8x + 6)$

$x1 = 2,20 \quad \gg \quad y`` = 64,6$

$x2 = 1,12 \gg y`` = -3,84$

Beachtet sei:

Zur Feststellung, ob Extremwerte vorhanden sind, benötigt man jeweils die zweite Ableitung. Oft sind zur Bestimmung von y `` umfangreiche Rechenoperationen erforderlich. Da das Aufzeigen von Wendepunkten bei der Maxima- Minima- Rechnung entfällt, kann der Rechengang in vielen Fällen wie folgt abgekürzt werden:

Liegt die erste Ableitung einer Funktion als Bruch vor.

$$y = f(x) \quad \gg \quad y` = \frac{Z(x)}{N(x)}$$

ermittelt man die zweite Ableitung mit der Quotientenregel

$$y` = \frac{Z(x)}{N(x)} \qquad y` = \frac{N(x)Z`(x)\ Z(x)\ N`(x)}{(N(x))^{\underline{2}}}$$

Zur Extremwertbestimmung muss y`=0 gesetzt werden, dies erfolgt, wenn der Zähler (Z(x)) Null wird.

$$y` = \frac{Z(x)}{N(x)} = 0 \gg \qquad Z(x) = 0$$

Die Vereinfachung wird ersichtlich, wenn Z(x) = 0 in y`` eingesetzt wird

$$Z(x) = 0 \quad \gg \quad y`` = \frac{N(x)Z`(x)\ 0\ N(x)}{(N(x))^{\underline{2}}}$$

$$y\text{-}`` = \frac{Z'(x)}{N(x)}$$

Die vereinfachte Berechnung heißt dann:

$$y = f(x) \quad \gg \quad y` = \frac{Z(x)}{N(x)} \qquad y` = \frac{Z`(x)}{N(x)}$$

Zahlenbeispiel:

Gegeben sei die Funktion:

$$y = (2x^3 - 8x^2 + 4x)^{\frac{1}{2}}$$

Gesucht seien Maxima und Minima:

Lösung:

$$y = (2x^3 - 8x^2 + 6x)^{\frac{1}{2}}$$

$$(2x^3 - 8x^2 + 6x) \qquad Z \quad \gg \quad \frac{dZ}{dr} = 3x^2 - 9x + 6$$

$$Z^{\frac{1}{2}} = y \gg \frac{dx}{dz}\,\tfrac{1}{2}\,y^{-\frac{1}{2}} = \frac{1}{2\sqrt{2}}$$

$$Z = (x^2 - 4{,}5x^2 + 6x) = \frac{dy}{dt} = \frac{1}{2\sqrt{2x^3 - 4{,}5x^2 + 6x}}$$

$$\frac{dZ}{dr} \times \frac{dy}{dt} = y` = \frac{6x^2 - 8x + 6}{2\sqrt{2x^3 - 8x^2\, 3x}}$$

$$y`` = \frac{6x^2 - 8x + 6}{2\sqrt{2x^3 - 8x^2\, 3x}}$$

Ableitung nach der vereinfachten Berechnung:

$$y` = \frac{Z(x)}{N(x)} = 0 \quad y(x) = 0$$

$$y` = 0 \gg \quad 3x^2 - 9x + 6 = 0$$

$$x1 = 2,21 \quad ; \quad x2 = 0.45$$

$$Z(x) = 3x^2 - 9x + 6 \gg \qquad y` = 16x\, 5\, 1/3\, y$$

$$y`` = \frac{Z'(x)}{N(x)}$$

$$x1 = 2,21$$

$$y` = \frac{12x - 8}{(3x^{\frac{3}{}} - 8x^{\frac{2}{}} + 6x)^{\frac{1}{2}}} = \frac{18,52}{0,5957} = 31,18$$

$$x2 = 0,45$$

$$y` = \frac{12x - 8}{(2x^{\frac{3}{}} - 2,5x^{\frac{2}{}} + 3,5x)^{\frac{1}{2}}} = \frac{-2,6}{0.66} = -4,286$$

$$x\,1{,}2 = \frac{p}{2} \pm \sqrt{\left(\frac{p}{2}\right)^2 - q}$$

$$y = x^2 + px + q$$

(4)

Die Funktion sei gegeben:

$$y = 3{,}5\,x^3 - 12{,}5\,x^2 + 6x$$

Gesucht seien Maxima und Minima der Funktion:

Lösung:
$y = 3{,}5\,x^3 - 12{,}5\,x^2 + 6x$
$y\,` = 10{,}5\,x^2 - 25\,x + 6$
$y\,`` = 21\,x - 25$
$y` = 0 \gg 10{,}5\,x^2 - 25x + 6 = 0$
$y` = 0 \gg 10{,}5\,(x^2 - 25x + 6)$
$x1 = 5{,}004 \gg\ y\,`` = 114{,}1791$
$x2 = `- 342 \gg\ y`` = -\,3{,}65403$
Beachtet sei:

Zur Feststellung, ob Extremwerte vorhanden sind, benötigt man jeweils die zweite Ableitung. Oft sind zur Bestimmung von y `` umfangreiche Rechenoperationen erforderlich. Da das Aufzeigen von Wendepunkten bei der Maxima- Minima- Rechnung entfällt, kann der Rechengang in vielen Fällen wie folgt abgekürzt werden:

Liegt die erste Ableitung einer Funktion als Bruch vor.

$$y = f(x) \quad \gg \quad y` = \frac{Z(x)}{N(x)}$$

ermittelt man die zweite Ableitung mit der Quotientenregel

$$y` = \frac{Z(x)}{N(x)} \qquad y` = \frac{N(x)Z`(x)\; Z(x)\,N`(x)}{(N(x))^{\underline{2}}}$$

Zur Extremwertbestimmung muss y`=0 gesetzt werden, dies erfolgt, wenn der Zähler (Z(x)) Null wird.

$$y` = \frac{Z(x)}{N(x)} = 0 \quad \gg \quad Z(x) = 0$$

Die Vereinfachung wird ersichtlich, wenn Z(x) = 0 in y`` eingesetzt wird

$$Z(x) = 0 \quad \gg \quad y`` = \frac{N(x)Z`(x)\ 0\ N(x)}{(N(x))^{2}}$$

$$y\text{-}`` = \frac{Z`(x)}{N(x)}$$

Die vereinfachte Berechnung heißt dann:

$$y = f(x) \quad \gg \quad y` = \frac{Z(x)}{N(x)} \quad y` = \frac{Z`(x)}{N(x)}$$

Zahlenbeispiel:

$$y = (2x^{3} - 8{,}5x^{2} + 4{,}5x)^{½}$$

Gesucht seien Maxima und Minima:

Lösung:

$$y = (2x^{3} - 8{,}5x^{2} + 4{,}5x)^{½}$$

$$(2x^{3} - 8{,}5x^{2} + 4{,}5x = Z \quad \gg \quad \frac{dZ}{dr} = 3x^{2} - 9x + 6$$

$$Z^{½} = y \gg \frac{dx}{dz} ½\, y^{-½} = \frac{1}{2\sqrt{2}}$$

$$y = (2x^{3} - 8{,}5x^{2} + 4{,}5x) = \frac{dy}{dt} = \frac{1}{2\sqrt{2x^{3} - 8{,}5x^{2} + 4{,}5x}}$$

$$\frac{d\,Z}{d\,r} \times \frac{d\,y}{d\,t} = \quad y\grave{} = \frac{6\,x^2 - 17x + 4,5}{2\,\sqrt{2\,x^3 - 8,5\,x^2 + 4,5\,x}}$$

$$y\grave{}\grave{} = \frac{6\,x^2 - 17x + 4,5}{2\,\sqrt{2\,x^3 - 8,5\,x^2\,4,5x}}$$

Zweite Ableitung nach der vereinfachten Berechnung:

$$y\grave{} = \frac{Z\,(x)}{N\,(x)} = 0 \quad y(x) = 0$$

$$y\grave{} = 0 \gg \quad 6\,x^2 - 8,5\,x + 4,5 = 0$$

$$x1 = 5,531 \quad ; \quad x2 = 0,125$$

$$Z(x) = 6\,x^2 - 17x + 4,5$$

$$y\grave{}\grave{} = \frac{Z'\,(x)}{N\,(x)}$$

$$x1 = 5,531$$

$$y\grave{} = \frac{12x + 8,5}{(2\,x^3 - 8,5\,x^2 + 4,5\,x)^{\frac{1}{2}}} = \frac{57,872}{10,162096} = 5,694888141$$

$$x2 = 0,135$$

$$y\grave{} = \frac{12x + 2,5}{(2\,x^3 - 2,5\,x^2 + 3,5\,x)^{\frac{1}{2}}} = \frac{-6,88}{0,5767529} = -11,92885$$

$$x\,1,2 = \frac{p}{2} \pm \sqrt{\left(\frac{p}{2}\right)^2 - q}$$

$$y = x^2 + px + q$$

Zahlenbeispiel:

Beispiel 1

Die Funktion sei gegeben:

$y = 2x^3 + 6x^2 + 4x$

Gesucht seien Maxima und Minima der Funktion:

Lösung:

$y = 2x^3 + 6x^2 + 4x$

$2x^3 + 6x^2 + 4x \quad \gg \quad \dfrac{dZ}{dr} = 6x^2\,12x + 4$

$y \gg \quad \dfrac{dy}{dt} = -\dfrac{1}{Z^{\underline{2}}}$

$y = 2x^3 + 6x^2 + 4x \; ; \; \dfrac{dy}{dt} = \dfrac{1}{-(2x3+6x2+4x)^{\underline{-2}}}$

$\dfrac{dZ}{dr} \times \dfrac{dy}{dt} = y^{`} = \dfrac{6x^{\underline{2}}-12x+4}{-(2x3+6x2+4x)^{\underline{-2}}}$

Ableitung nach der vereinfachten Berechnung:

$y^{`} = \dfrac{Z(x)}{N(x)} = 0 \quad \gg \quad Z = 0$

$y^{`} = 0 \quad \gg \quad 6x^{\underline{2}} - 12x + 4 = 0$

$x1 = 3{,}825; \quad x2 = 0{,}174$

$$y`` = \frac{6\,x - 12}{(2\,x3 + 6\,x2 + 4x)^{-2}}$$

$x1 = 3{,}825 \quad y`` = \dfrac{34{,}95}{114{,}651} = 7514{,}49$

$x2 = -0{,}174 \quad y`` = \dfrac{13{,}044}{1{,}115890ß3} = 11{,}505998$

Beispiel 2:

Die Funktion sei gegeben:

$y = (\cos x + 2\,x^3 + 8\,x^2 + 4x)^{-1}$

Gesucht seien Maxima und Minima der Funktion:

Lösung:

$y = (\cos x + 2\,x^3 + 8\,x^2 + 4x)^{-1}$

$(\cos x + 2\,x^3 + 8\,x^2 + 4x)^{-1} \gg \quad \dfrac{d\,Z}{d\,r} = -\sin x + 6\,x^2$

$+ 16x + 2$

$y \gg \quad \dfrac{d\,y}{d\,t} = -\dfrac{1}{Z^2}$

$y = \cos x + 2\,x^3 + 8\,x^2 + 4x \, ; \quad \dfrac{d\,y}{d\,t} =$

$$\frac{1}{-\left(\cos x + 2\,x^3 + 8\,x^2 + 4x\right)^{-2}}$$

$$\frac{d\,Z}{d\,r} \times \frac{d\,y}{d\,t} = \; y\grave{} = \frac{-\sin x + 2\,x^{\underline{2}} - 16x + 4}{(\cos x + 2\,x^{\underline{3}} + 8\,x^{\underline{2}} + 2x)}$$

Ableitung nach der vereinfachten Berechnung:

$$y\grave{} = \frac{Z\,(x)}{N\,(x)} = 0 \qquad \gg \qquad Z = 0$$

$$y\grave{} = 0 \qquad \gg \qquad -\sin x + 6\,x\,2 + 16x + 2 = 0$$

$$x1 = \sin\,(5{,}26)\;;\quad x2 = \sin\,(0{,}12)$$

$$y\grave{}\grave{} = \frac{\cos x + 12x + 16}{\left(\cos x + 2\,x^{\underline{3}} + 8x^{\underline{2}} + 2x\right)^{\underline{-1}}}$$

$$\frac{0{,}99 + 1{,}68 + 16}{\left(0{,}99 + 1{,}988\;10^{\underline{-3}} + 0{,}06 + 0{,}18\right)^{\underline{-1}}} = \frac{18{,}67}{1{,}003} = 18{,}614$$

$$y\grave{}\grave{} = \frac{0{.}99 + 0{,}0251 + 16}{\left(0{,,}99 + 1{,}83\;10^{\underline{-3}} + 3{,}8\;10^{\underline{-5}}\,4{,}1\;10^{\underline{-3}}\right)^{\underline{-1}}} = \frac{17{,}0151}{1{,}008} =$$

16, 88

$$18{,}614 - 16{,}88 = 1{,}734 \qquad\qquad \text{max.}$$

$$16{,}88 - 18{,}614 + 1{,}734 \quad - 4 \times 10\text{-}^{3}$$

min.

Anwendung des Differentials:

Beispiel (1)
Aufgabe:

Aus einem rechteckigen Karton mit den Seiten l und b soll eine offene Schachtel größten Volumens hergestellt werden.

Lösung:

1. **Volumen = y**
2. **Die an den Ecken ausgeschnittene Quadrate entfallen. Ihre Seitenlänge, gleich Höhe der Schachtel, wird mit x bezeichnet.**

$y = (l-2x)(b-2x) \times x$

$y = lbx - 2bx^2 - 2lx^2 + 4b\,x^3$

1. **Bedingung: y´=0**

$y´ = lb - 4bx - 4lx - 12b\,x^2$

$0 = x^2 - x\left(\dfrac{l+b}{3} + \dfrac{ll}{12}\right)$

$x = \dfrac{l+b}{6} \pm \sqrt{\dfrac{(l+b)^2}{36} - \dfrac{3ll}{36}}$

$x = \pm \dfrac{1}{6} \sqrt{l^2 + b^2 - lb}$

1. **Bedingung: y´´< Maximum**

$y´´ = 4l - 4b + 24\,x$

$$x_1 \gg \frac{l+b}{6} + \frac{1}{6}\sqrt{l^2 + b^2 - lb}$$

$$y`` = -4\,(l+b) + \frac{24\,(l+b)}{6} + \frac{24}{6}\sqrt{l^2 + b^2 - lb}$$

$$y`` = 4\sqrt{l^2 + b^2 - lb}\ ; \quad y`` > \min$$

$$x_2 \gg \frac{l+b}{6} - \frac{1}{6}\sqrt{l^2 + b^2 - lb}$$

$$y`` = -4\sqrt{l^2 + b^2 - lb}\ ; \quad y`` < 0 < \max$$

Das Volumen der Schachtel wird ein Maximum, wenn die Höhe also

$$x_2 \gg \frac{l+b}{6} - \frac{1}{6}\sqrt{l^2 + b^2 - lb}$$

beträgt.

Hierzu ein Zahlenbeispiel:
Gegeben: l = 12,5 cm, b = 8 cm
Gesucht: h und max V

Lösung:

$$h = x_2 \gg \frac{l+b}{6} - \frac{1}{6}\sqrt{l^2 + b^2 - lb}$$

$$h = \frac{12,5\ cm + 8,0\ cm}{6} - \frac{1}{6}\sqrt{12,5^2 + 8^2 - 12,5 \cdot 8}$$

h = 1,589 cm
max V = (l − 2h) (b − 2l) h

$$\text{max} = (12{,}5 - 3{,}178)\,(8 - 3{,}178)\,1{,}589$$
$$= 21{,}4266 \text{ cm}$$

Beachte:

Legt man ein quadratisches Stück mit der Seitenlänge a zugrunde, so erhält man:

$$h = \frac{a+a}{6} - \frac{1}{6}\sqrt{a^2 + a^2 - aa}$$

$$h = \frac{a}{3} - \frac{1}{6}\sqrt{a^2}$$

$$h = \frac{a}{3} - \frac{a}{6} = \frac{1}{6}$$

$$v = \frac{2}{3}a\,\frac{2}{3}a\,\frac{1}{6}a = \frac{2a}{27}$$

Beispiel (2)

Aufgabe:

Aus einem rechteckigen Karton mit den Seiten l und b soll eine offene Schachtel größten Volumens hergestellt werden.

Lösung:

2. Volumen = y

3. Die an den Ecken ausgeschnittene Quadrate entfallen. Ihre Seitenlänge, gleich Höhe der Schachtel, wird mit x bezeichnet.

$y = (l-3x)\,(b-3x) \times x$

$y = lbx - 3bx^2 - 3lx^2 + 4x^3$

1. Bedingung: $y\,`=0$

$y` = lb - 9bx - 9lx - 12b\,x^2$

$0 = x^2 - x\left(\dfrac{l+b}{4} + \dfrac{ll}{20}\right)$

$x = \dfrac{l+b}{8} \pm \sqrt{\dfrac{(l+b)^2}{64} - \dfrac{4ll}{64}}$

$x = \pm\dfrac{1}{6}\sqrt{l^2 + b^2 - lb}$

1. Bedingung: $y\,``<$ Maximum

2.

$y`` = 4l - 4b + 24x$

$x1 \gg \dfrac{l+b}{8} + \dfrac{1}{8}\sqrt{l^2 + b^2 - lb}$

$y`` = 9b - 9l + 2hx$

$x1 = -9\,(l+b) + \dfrac{32\,(l+b)}{8} + \dfrac{32}{8}\sqrt{l^2 + b^2 - lb}$

$$y`` = 9 \sqrt{l^2 + b^2 - lb} \; ; \quad y`` > min$$

$$x2 = \frac{l+b}{8} + \frac{1}{8} \sqrt{l^2 + b^2 - lb}$$

$$x2 \gg \frac{l+b}{8} - \frac{1}{8} \sqrt{l^2 + b^2 - lb}$$

$$y`` = -9 \sqrt{l^2 + b^2 - lb} \; ; \; y`` < 0 < max$$

Das Volumen der Schachtel wird ein Maximum, wenn die Höhe also

$$x2 \gg \frac{l+b}{8} - \frac{1}{8} \sqrt{l^2 + b^2 - lb}$$

beträgt.

Hierzu ein Zahlenbeispiel:
Gegeben: l = 15 cm; b = 9 cm
Gesucht: h und max V

Lösung:

$$h = x2 \gg \frac{l+b}{8} - \frac{1}{8} \sqrt{l^2 + b^2 - lb}$$

$$h = \frac{15\,cm + 9{,}0\,cm}{8} - \frac{1}{6} \sqrt{15^2 + 9^2 - 135}$$

h = 1,3652 cm
max V = (l − 3h) (b − 3l)   h
max V = 87, 82 cm

Beachte:

Legt man ein quadratisches Stück mit der Seitenlänge a zugrunde, so erhält man:

$$h = \frac{a+a}{8} - \frac{1}{8}\sqrt{a^2 + a^2 - 2a}$$

$$h = \frac{a}{4} - \frac{1}{8}\sqrt{a^2}$$

$$h = \frac{a}{4} - \frac{a}{8} = \frac{a}{8}$$

$$v = \frac{2}{4}a\,\frac{2}{4}a\,\frac{1}{8}a = 2a\,2a - \frac{1}{8}a = \frac{a^2}{2}$$

Anwendung des Differentials:

Zahlenbeispiel 1

$$h = \frac{l+b}{8} - \frac{1}{8}\sqrt{l^2 + b^2 - lb}$$

Es gilt: l = 17 cm ; b = 8 cm

$$h = \frac{25}{8} - \frac{1}{8}\sqrt{17^2 + 8^2 - 136}$$

h = 1,2836 cm

$$V_{max} = (l-3h)(b-3h) \cdot h = 13,1492 \cdot 4,1492 \cdot 12,836 = 70 \text{ cm}^2$$

Zahlenbeispiel 2

$$h = \frac{l+b}{8} - \frac{1}{8}\sqrt{l^2 + b^2 - lb}$$

Es gilt: l = 36 cm ; b = 18 cm

$$h = \frac{54}{8} - \frac{1}{8}\sqrt{36^2 + 18^2 - 648}$$

h = 2,85 cm

$$V_{max} = (l-3h)(b-3h) \cdot h = 27,44 \cdot 9,44 \cdot 2,85 = 738,25 \text{ cm}^2$$

Zahlenbeispiel 3

$$h = \frac{l+b}{8} - \frac{1}{8}\sqrt{l^2 + b^2 - lb}$$

Es gilt: l = 50 cm ; b = 45 cm

$$h = \frac{95}{8} - \frac{1}{8}\sqrt{50^2 + 45^2 - 2250}$$

h = 5,91288 cm

$$V_{max} = (l-3h)(b-3h) \cdot h = 32,26 \cdot 27,26 \cdot 5,91378 = 5200 \text{ cm}^2$$

Anwendung des Differentials
Beispiel 4:

Aufgabe: Zwei Lampen mit den Lichtstärken l1 = 27 und l2 = 64 sind a = 10 m voneinander entfernt. Ermittle den Punkt P, der zwischen den beiden Lampen am schwächsten beleuchtet ist.

Als bekannt wird vorausgesetzt:
Die Beleuchtungsstärke E ist proportional der Lichtstärke l
E ist umgekehrt proportional dem Quadrat der Entfernung.

Lösung:

- **y = Beleuchtungsstärke in P**
- **y ist abhängig vom Abstand des Punktes P von den Lampen l1 und l2.**
- **Der Abstand l1 zu P wird mit x bezeichnet Dann gilt:**

$$y = \frac{27}{x^2} + \frac{64}{(a-x)^2} = 27\,x^{-2} + 64\,(a-x)^{-2}$$

1. Bedingung: $y{'}=0$

$$y{'} = -54\,x^{-2} + 128\,(a-x)^{-2} = 0$$

$$\frac{54}{x^{\frac{3}{-}}} = \frac{128}{(a-x)^{\frac{3}{-}}} \;;\quad \frac{(a-x)^{\frac{3}{-}}}{x^{\frac{3}{-}}}$$

$$\frac{(a-x)}{x} = \sqrt[3]{\frac{64}{27}} \;;\quad \frac{(a-x)}{x} = \frac{4}{3}$$

$$2\,(a-x) = 4x \;;\; 3a - 3x = 4x \;\gg\; x = \frac{3}{7}\,a$$

1. Bedingung: $y{''} > 0$ **Minimum**

$$y{'} = 162\,x^{-4} - 384\,(a-x)^{-4}$$

$$y{''} = \frac{27}{8^{\frac{4}{-}}} - \frac{64}{(a-x)^{\frac{4}{-}}}$$

$$y{'} = \frac{27}{\left(\frac{30}{7}\right)^{\frac{2}{-}}} - \frac{64}{\left(\frac{40}{7}\right)^{\frac{2}{-}}} \;>\; 0$$

Beispiel (5):

Aufgabe: Zwei Lampen mit den Lichtstärken l1 = 27 und l2 = 64 sind a = 10 m voneinander entfernt. Ermittle den Punkt P, der zwischen den beiden Lampen am schwächsten beleuchtet ist.

Als bekannt wird vorausgesetzt:
- **Die Beleuchtungsstärke E ist proportional der Lichtstärke l**

- **E ist umgekehrt proportional dem Quadrat der Entfernung.**

Lösung:

- **y = Beleuchtungsstärke in P**
- **y ist abhängig vom Abstand des Punktes P von den Lampen l1 und l2.**
- **Der Abstand l1 zu P wird mit x bezeichnet**
- **Dann gilt:**

$$y = \frac{3}{7}\, a \qquad y`` > 0$$

$$x = \frac{3}{7}\; 10 = \frac{30}{7} = 4{,}29 \text{ m}$$

Der am Schwächsten beleuchtende Punkt zwischen den beiden Lampen liegt 4,29 m von Lampe 1; 5,71 m von Lampe 2 entfernt.

Es gilt:

$$y = \frac{35}{x} + \frac{70}{(a-x)^2} = 35 \text{ m}^{-2} + 70\,(a-x)^{-2}$$

1. Bedingung: y`=0

$$y`` = -70\, x^{-2} + 140\,(a-x)^{-3}$$
$$0 = -70\, x^{-2} + 140\,(a-x)^{-3}$$
$$\frac{70}{x^3} = \frac{140}{(a-x)^3}$$
$$\frac{(a-x)}{x} = \sqrt[3]{2} \; ; \quad x = 2{,}259921 / a$$

1. Bedingung: y`` >0 Minimum
$$y`` = 210\, x^{-3} + 420\,(a-x)^{-4}$$

$y`` = 18194, 4747 + 0, 04602126452 = 18194, 52072$
$> \quad 0$

$x = 2,259921 / 10 = 0,5259921\ m$

$l1 = 0,5259921\ ; l2 = 20-\ 0,5259921 = 19, 4740079$

Der am schwächten beleuchtete Punkt zwischen den beiden Lampen liegt
0, 5259921 m von Lampe 1; 19, 470079 m von Lampe 2 entfernt.

Beispiel (6):

Aufgabe: Ein Auto fährt auf der Straße von A nach B mit der Geschwindigkeit v1 = 80 km / h. Nach C führt keine Straße. Das Auto muss daher querfeldein mit vermindertem Tempo v2 = 40 km / h fahren.
An welchem Punkt der Straße hat das Auto abzuzweigen, damit es in kürzester Zeit den Weg APC zurücklegt?

Lösung:
- **y = Gesamtzeit für die Strecke APC**
- **x = Strecke PB**
- **P= Abzweigungspunkt**

$$y = \frac{AP}{v1} + \frac{PC}{v2} = \frac{l-x}{v1} + \frac{\sqrt{l^2 + x^2}}{x2}$$

1. Bedingung:

$$y` = -\frac{1}{x1} + \frac{1}{x2} \quad -\frac{1}{2}(l^2 + x^2)^{-\frac{1}{2}}$$

$$y` = -\frac{1}{v1} + -\frac{x}{v2\,(l^2+x^2)^{\frac{1}{2}}} \quad \gg 0$$

$$\frac{x}{v2\,(l^2+x^2)^{\frac{1}{2}}} \times \frac{1}{v1}$$

$$v_2{}^2\,(l^2+x^2)^{\frac{1}{2}} = v_1 \times x$$

$$v_2{}^2\,(l^2+x^2) = v_1{}^2 \times x^2$$

$$v_2{}^2 \times l^2 + v_2{}^2 \times x^2 = v_1{}^2 \times x^2$$

$$v_2{}^2 \times l^2 = v_1{}^2 \times x^2 - v_2{}^2 \times x^2$$

$$= x^2\,(v_1{}^2 - v_2{}^2)$$

$$x = \frac{v2\ l}{\sqrt{v1^2 - v2^2}}$$

1. Bedingung: y`> 0 Minimum

$$y`` = \frac{1}{v2}\,\frac{\sqrt{l^2+x^2}}{l^2+x^2} \; - x\,\frac{\dfrac{l-2x}{2\sqrt{l^2+x^2}}}{l^2+x^2}$$

$$y` = \frac{1}{v2}\,\frac{l^2}{\left(l^2+x^2\right)^{\frac{3}{2}}} \qquad\qquad \textbf{mit } x =$$

$$\frac{v2\; l}{\sqrt{v1^2 - v2^2}}$$

$$y`` = \frac{l^2}{v2\left(l^2+\dfrac{v1^2\, b^2}{v1^2 - v2^2}\right)^{\frac{3}{2}}} \; > \min$$

Ergebnis:

Durch Einsetzen der Zahlenwerte ergeben sich Strecken und die kürzeste Zeit

Strecke AP:

$$l-x = 100 - \frac{40\times 40}{\sqrt{80^2 - 40^2}} = 76,905\ 98923 \text{ km}$$

Strecke PC:

$$y = \sqrt{22,094^2 + 40^2} = 46,188 \text{ km}$$

Minimalzeit:

$$t_{\min} = \frac{76,905\ 98923}{80} + \frac{46,188}{40} = 2 \text{ h } 6b \text{ min } 98 \text{ sec}$$

Beispiel 7:

Aufgabe:
Ein Auto muss eine Umleitung fahren, da der direkte Weg gesperrt ist Wie lange muss das Auto fahren, um das Ziel zu erreichen? Es soll gelten; s = der direkte Weg. Dieser lässt sich mit Formel (1) berechnen. S ist abhängig vom Umleitungskurs. Wieviel km muss das Auto auf dem Umleitungskurs zurücklegen? Und wieviel Zeit benötigt das Fahrzeug auf dem Umleitungskurs?

Lösung:

$$y = \frac{CA}{v1} + \frac{AP}{v2} = \frac{l-x}{v1} + \frac{\sqrt{l^2+x^2}}{v2}$$

1. Bedingung: y`=0

$$y` = -\frac{1}{v1} + \frac{1}{v2} \quad -\frac{1}{2}(l^2 + x^2)^{-\frac{1}{2}} - 2x$$

$$y` = -\frac{1}{v1} + -\frac{x}{v2\,(l^2+x^2)^{\frac{1}{2}}} \quad \gg 0$$

$$\frac{x}{v1\,(l^2+x^2)^{\frac{1}{2}}} = -\frac{1}{v2}$$

$$v_1\,(l^2 + x^2)^{\frac{1}{2}} = -v_2 \times x$$

$$v_1\,(l^2 + x^2) = -v_2^2 \times x^2$$

$$v_1^2\,l^2 + v_1^2\,x^2 = -v_2^2 \times x^2$$

$$v_1{}^2 \; l^2 = (-v_1{}^2 \; x^2) - (v_2{}^2 \times x^2)$$

$$= x^2(-v_2{}^2 - v_1{}^2)$$

$$x^2 = \frac{v1^2 \times l^2}{\left(v2^2 + v1^2\right)} \qquad\qquad \vdots \quad (-1)$$

$$x = \sqrt{\frac{v2^2 \, l^2}{v2^2 + v1^2}} \;=\; \frac{v1\, l}{\sqrt{\left(v2^2 + v1^2\right)}} \quad \gg \quad x = -$$

$$\frac{v1\, l}{\sqrt{\left(v2^2 + v1^2\right)}}$$

$$y`` = \frac{1}{v2} \; \times \; \frac{\sqrt{l^2 + x^2} + x \times \dfrac{l\,2x}{2\sqrt{l^2 x^2}}}{l^2 + x^2}$$

$$y`` = \frac{1}{v2} \; \frac{3\, x\, b}{\left(l^2 + x^2\right)^3}$$

Mit $x = -\dfrac{v1\, l}{\sqrt{\left(v2^2 + v1^2\right)}}$

folgt

$$y`` = \frac{\left(-\dfrac{v1\, l}{\sqrt{\left(v2^2 + v1^2\right)}}\right) 3\, b}{v2\left(l^2 - \dfrac{v1^2\, l^2}{v1^2 + v2^2}\right)^3} \;=\; \frac{\left(-\dfrac{v1\, l}{\sqrt{\left(v2^2 + v1^2\right)}}\right) 3\, b}{v2\left(l^2 - \dfrac{v1^2\, l^2}{v1^2 + v2^2}\right)^3}$$

$$y\,{}' = \frac{v1\,l\,(v1+v2)\;3\,b}{v2\left(l^{\frac{2}{2}} - \dfrac{\left(v1^{\frac{2}{2}}\,l^{\frac{2}{2}}\right)}{v1^{\frac{2}{2}}+v2^{\frac{2}{2}}}\right)^{\frac{3}{2}}(v1+v2)}$$

$$= \frac{v1\,l\,3b}{v2\left(\dfrac{l^{\frac{2}{2}}v1^{\frac{2}{2}}l^{\frac{2}{2}}}{v1^{\frac{2}{2}}+v2^{\frac{2}{2}}}\right)3\;\dfrac{(v1+\,v2)^{\frac{2}{2}}}{(v1-+v2)^{\frac{2}{2}}} - \dfrac{(v1-v2)^{\frac{2}{2}}}{(v1+v2)^{\frac{2}{2}}}(v1+v2)}$$

$$= \frac{v1\,3b\,l}{v2\left(l\left(\dfrac{l^{\frac{4}{2}}v1^{\frac{2}{2}}l^{\frac{5}{2}}}{(v1^{\frac{2}{2}}+v2^{\frac{2}{2}})^{\frac{3}{2}}}\right)\dfrac{(v1+v2)^{\frac{2}{2}}}{(v1+v2)^{\frac{2}{2}}} - \dfrac{(v1-v2)^{\frac{2}{2}}(v1+v2)}{(v1+v2)^{\frac{2}{2}}}\right.}$$

$$y\,{}'' = \frac{v1\,3\,l\,b}{v2\,l^{\frac{7}{2}}\left(\dfrac{l^{\frac{3}{2}}v1^{\frac{2}{2}}}{(v1^{\frac{2}{2}}+v2^{\frac{2}{2}})^{\frac{3}{2}}}\right)\dfrac{(v1+v2)^{\frac{2}{2}}}{(v1+v2)^{\frac{2}{2}}} - \dfrac{(v1-v2)^{\frac{2}{2}}(v1+v2)}{(v1+v2)^{\frac{2}{2}}}}$$

$$y\,{}'' =$$

$$\frac{v1\,3\,l\,b}{v2\,l^{\frac{7}{2}}\left(\dfrac{l^{\frac{3}{2}}v1^{\frac{2}{2}}}{(v1^{\frac{2}{2}}+v2^{\frac{2}{2}})^{\frac{3}{2}}}\right)(v1+v2)^{\frac{-2}{2}}\;(v1+v2)^{\frac{2}{2}} - (v1-v2)^{\frac{2}{2}}(v1+v2)}$$

$$y\,{}'' = \frac{\dfrac{v1}{v2}\,3b}{l^{\frac{6}{2}}\left(\dfrac{l^{\frac{3}{2}}v1^{\frac{2}{2}}}{(v1^{\frac{2}{2}}+v2^{\frac{2}{2}})^{\frac{3}{2}}}\right)1 - (v1-v2)^{\frac{2}{2}}(v1+v2)}$$

$$y\,{}'' = \frac{\dfrac{v1}{v2}\,3b}{l^{\frac{6}{2}}\left(\dfrac{l^{\frac{3}{2}}v1^{\frac{2}{2}}}{(v1^{\frac{2}{2}}+v2^{\frac{2}{2}})^{\frac{3}{2}}}\,1 - \left(v1^{\frac{2}{2}}-2\,v1\,v2+v2^{\frac{2}{2}}\right)(v1+v2)\right.}$$

$$y`` = \frac{\frac{v1}{v2}\,3b}{l^{6}\left(\dfrac{l^{3}v1^{2}}{\left(v1^{2}+v2^{2}\right)^{3}}\,1-\ \left(v1^{3}-2\,v1^{2}\,v2+v2^{2}v1+v1^{2}\,v2-2\,v1\,v2^{2}+v2^{3}\right)\right)}$$

$$y`` = \frac{\frac{v1}{v2}\,3b}{l^{9}v1^{2}\ -\ \left(\dfrac{v1^{3}-2v1^{2}v2+v2^{2}v1+v1^{2}\,v2-2v1v2^{2}+v2^{3})}{\left(v1^{2}\right)^{3}+3\left(v1^{2}\right)^{2}+3\left(v1^{2}\right)\left(v2^{2}\right)^{2}+\left(v2^{2}\right)^{3}}\right)}$$

$$y`` = \frac{\frac{v1}{v2}\,3b}{l^{9}v1^{2}\ -\ \left(\dfrac{v1^{3}-2v1^{2}v2+v2^{2}v1+v1^{2}\,v2-2v1v2^{2}+v2^{3})}{\left(v1^{2}\right)^{3}+3\left(v1^{2}\right)^{2}+3\left(v1^{2}\right)\left(v2^{2}\right)^{2}+\left(v2^{2}\right)^{3}}\right)}$$

Positiv $\gg$ min

Diese komplizierte Rechenoperation sei hier nur beschrieben für den interessierten Mathematiker. Sie sagt aus, dass die zweite Ableitung von y – also y`` - ins Minimum geht, wenn sie positiv ist!

Ergebnis:

Durch Einsetzen der Zahlenwerte ergeben sich die Strecken und die kürzeste Zeit:
Strecke CA:

$$130 - \frac{60 \times 60}{\sqrt{90^{2} \times 60^{2}}} = 313,608 \ km$$

Strecke PC:

$$\sqrt{(313{,}608 \times 130)^2 + 60^2} = 183{,}68 \text{ km}$$

Minimalzeit:

$$t_{min} = \frac{313{,}608}{90} = 3\text{h } 24 \text{ min } 45 \text{ sec}$$

$t_{ges} = 4\text{h } 55 \text{ min } 44 \text{ sec}$

Lösung:

Ein Auto muss eine Umleitung fahren: Der direkte Weg, der gesperrt ist, lässt sich aus der Umleitungsstrecke und der Geschwindigkeit des ersten Teils der Umleitung berechnen. Das Auto soll auf der ersten Strecke, die 130 km lang ist, mit der Geschwindigkeit von 90 km/h fahren. Danach muss es umdrehen und einen neuen Weg einschlagen, der laut der Berechnungen 313, 605 km lang ist. Diesen Weg soll das Auto mit der Geschwindigkeit von 60 km/h fahren.

Es soll nun die gesamte Wegstrecke berechnetet werden, die das Auto in der Umleitung fahren muss: Es gilt: Laut Formel (1) beträgt die Wegstrecke CA 313, 605 km. Die direkte Strecke lässt sich mit der Formel (2) auf 183, 68 km berechnen.

Die gesamte Umleitungsstrecke beläuft sich somit auf 433, 608 km. Für diesen Weg benötigt das Auto 4 h 55 min 44 sec.

Beispiel 7:

Gesucht:
Wie groß muss der Neigungswinkel Phi der beiden Seitenwänden zur Senkrechten sein, damit die Querschnittsfläche ein Maximum wird?

Lösung:
Der trapezförmige Querschnitt A = ((l1 + l2)/2) b ist eine Funktion des Winkels Phi.

$$\cos qp = \frac{l}{l2} \quad l = l2 \times \cos qp$$

$$\sin qp = \frac{l1 - l2}{2\,l2}$$

l1 − l2 = 2 l2 sin qp

l1 = l2 + 2 l2 sin qp

  = l2 (1+ 2 sin qp)

$$A = \frac{l2\,(1 + 2 \times \sin qp) + l2}{2} \times l2 \times \cos qp$$

A = l2 ^{2} /2 (2 × sin qp × cos qp + 2 cos qp)
Es gilt:

A = l2 ^{2} /2 (sin qp × 2 cos qp)

1. Bedingung: Erste Ableitung = 0

$$\frac{d\,A1}{dqp} = 2\times \cos(2qp) - 2\sin qp \gg 0$$

Es gilt:

$$\cos(2qp) = 1 - 2\sin^2 qp$$

$$0 = 2\ (1 - 2\sin^2 qp) - 2\sin qp$$

$$0 = \frac{1}{2}\sin 2\,qp - \frac{1}{2}\sin qp \qquad\qquad \gg \qquad \sin^2 qp + \frac{1}{2}\sin$$

$$\frac{1}{2}$$

$$(\sin qp + \frac{1}{2})^2 = \frac{1}{2} + (\frac{1}{4})^2$$

$$\sin qp + \frac{1}{4} = \sqrt{\frac{9}{16}} = \frac{3}{4}$$

$$\sin qp = -\frac{1}{4} + \frac{3}{4} = \frac{1}{2} \qquad\qquad \gg \qquad qp = 30^\circ$$

1. Bedingung: Zweite Ableitung < 0
Maximum.

$$\frac{d^{2}\,A}{d\,qp^{2}} = \frac{l2^{2}}{2}\,(-4\sin(2\,qp) - 2\cos qp)$$

$$= \frac{l2^{2}}{2}\,(-4 \times 0{,}886 - 2 \times 0{,}860) \gg \text{max}$$

Ergebnis: Durch Einsetzen der Zahlenwerte ergibt sich die größte Querschnittsfläche.

$$\max A = \frac{90\,\frac{2}{}}{2}\,(\sin 60° + 2 \quad \cos 30°) = 3247,60 \text{ cm}^2$$

Quadrat Minimum:

$A = 50 \cdot 50 = 25\,00\,00 \text{ cm}^2$

$\max A \qquad = 3247,60 \text{ cm}^2$

$$\overline{}$$

$$1,29904 \%$$

Beispiel 8:

Gesucht: Wie groß müssen die Neigungswinkel Alpha und Beta der beiden Seitenwände sein, damit die Querschnittsfläche ein Maximum wird?

Lösung:

$$A = \frac{l1\,h}{2} + \frac{l2\,h}{2} \;;\quad \cos \beta = \frac{1}{l1} \;;\quad \cos \alpha = \frac{1}{l2}$$

$$A = l1 \quad \cos \beta$$
$$A = l2 \quad \cos \alpha$$

$$A = \frac{l2\,(1+\sin \beta)\,l2}{4}\,l1 \quad \cos \beta$$

$$= \frac{l2^{\frac{2}{}}}{2} \frac{(1+\sin \beta \cos \beta + 2 \cos \beta}{4} \quad \textbf{Mit:} \quad 2 \sin \beta \cos \beta =$$

$$\sin^2 (2\beta)$$

folgt:

$$A = \frac{l2^{\frac{2}{}}}{2} \frac{(\sin (2\beta)+2 \cos \beta}{2}$$

$$A = \frac{h^{\frac{2}{}}}{2} \frac{(2 \sin \alpha + \cos \alpha + 2 \sin \alpha)}{2}$$

$$A = \frac{h^{\frac{2}{}}}{2} \frac{(\sin (2\alpha)+2 \cos \alpha}{2}$$

$$A_{ges} = A1 + A2 = \frac{l^{\frac{2}{}}}{2} \frac{(\sin (2\beta)+2 \cos \beta)}{2} + \frac{l^{\frac{2}{}}}{2}$$

$$\frac{(\sin (2\beta)+2 \cos \alpha)}{2}$$

$$= (\frac{\sin (2\beta)+2 \cos \beta}{2} + \frac{\sin (2h)+2 \cos \alpha}{2}) \frac{l2^{\frac{2}{}}}{2}$$

$$= \frac{l2^{\frac{2}{}}}{2} \frac{1}{2} (\sin (2\beta) + 2 \cos \beta + \sin (2\alpha) + 2 \cos$$

$$\alpha)$$

1. Bedingung: Erste Ableitung =0

$$\frac{dA}{d\alpha} = 2 \cos (2\alpha) \, 2 \cos \alpha \gg 0$$

$$\cos (2\alpha) = 1 - 2 \sin \alpha$$

$$0 = (2 (1 - 2 \sin^2 \alpha) - 2 \sin \alpha)$$

$$0 = (2\text{-}4\sin^2\alpha - 2\sin\alpha)\,\tfrac{1}{2}$$

$$0 = (\tfrac{1}{2}\sin\alpha - \tfrac{1}{4}\sin\alpha)\,\tfrac{1}{2} \quad \gg \quad (\sin^2\alpha + \tfrac{1}{2}\sin\alpha)\,\tfrac{1}{2} = \tfrac{1}{2}$$

$$\frac{dA}{d\beta} = (1 + \cos(2\beta) - 2\sin\beta)\,\tfrac{1}{2} \gg \quad 0$$

$$(\cos 2\beta -1 -2\sin^2\beta)\,\tfrac{1}{2}$$

$$0 = (2\,(1\text{-}2\sin^2\beta) -2\sin\beta)\,\tfrac{1}{2}$$

$$= (2\text{-}4\sin^2\beta - 2\sin\beta)\,\tfrac{1}{2}$$

$$= (\tfrac{1}{2}\sin^2\beta - \tfrac{1}{4}\sin\beta)\,\tfrac{1}{2} \quad (\sin^2\beta + \tfrac{1}{2}\sin\beta)\,\tfrac{1}{2} = \tfrac{1}{2}$$

Es soll gelten $(\sin\alpha + \tfrac{1}{4})^2 = \tfrac{1}{2} + (\tfrac{1}{4})^2$. Wenn man diese Formel löst, dann kommt man auf den Wert $\alpha = 30°$. Dieser Wert lässt sich wie folgt berechnen:

$$(\sin\alpha + \tfrac{1}{4}) = \sqrt{\tfrac{9}{16}} = \tfrac{3}{4} \quad \text{Es soll gelten: } (\sin\alpha + \tfrac{1}{4})^2 =$$

$\tfrac{1}{2}$ Wenn man nun diese Formel nach 0 auflöst, dann ergibt sich:

$$0 = (\sin\alpha + \tfrac{1}{4})^2 - \tfrac{1}{2} \quad \text{Somit gilt: } \sin\alpha = -\tfrac{1}{2} + \tfrac{3}{4} = \tfrac{1}{2}$$

$$\sin^{-1}\tfrac{1}{2} = 30°$$

Es gilt n für den Winkel β:

$(\sin \beta + \frac{1}{4})^2 = \frac{1}{2} + (\frac{1}{2})^2$ $(\sin \beta + \frac{1}{4}) = \frac{\sqrt{3}}{2}$ Somit gilt:

$\sin \beta = -\frac{1}{2} + \frac{\sqrt{3}}{2} = 0{,}3660254038$ $\sin -1 = 21,47\,°$

Ergebnis:

$A = \frac{50^{\frac{2}{}}}{4}$ $(\sin 2\ 30\,° + 2 \cos 30 + \sin 21{,}47° + 2 \cos$
$21{,}47°) = 561,\ 5514354$

A   = 25 00
max A   = 561, 551

———————————————

22, 4604 %

Beispiel 9:

Aufgabe: In welchem Verhältnis müssen bei einer allseits geschlossenen, zylindrischen Blechdose Höhe und Radius stehen, damit bei größtem Volumen der geringste Materialaufwand erzielt wird?

Lösung:
Wenn die Oberfläche der Dose ein Minimum wird, liegt der geringste Materialbedarf vor.

$$A = 2\,r^2\,\pi + 2\,r\,\pi\ h \times 2\,r^2 \times \pi\ \frac{v}{r^{\underline{2}}\pi}$$

$$A = 2\,r^2 \times \pi + \frac{2\,\pi\ v}{r^{\underline{2}}\pi}$$

$$A = 2\,r^2\,\pi + \frac{2\,V}{r} = h\,r^2\,\pi + \frac{2\,V}{r}$$

1. Bedingung: Erste Ableitung =0

$$\frac{d\,A}{dr} = 1 \times \pi - \frac{2\,V}{r^{\underline{2}}} \qquad \gg \qquad 0$$

$$0 = 1 \times \pi - \frac{2\,V}{r^{\underline{2}}}$$

$$\frac{2\,V}{r^{\underline{2}}} = h \times \pi$$

$$\frac{1}{r^{\underline{2}}} = \frac{h \times \pi}{2\,V} \qquad\qquad \gg\ r^2 = \frac{2\,V}{h \times \pi}$$

$$r = \sqrt{\frac{2\,V}{h \times \pi}} \qquad\qquad\qquad h = \sqrt{\frac{2\,V}{r^{\underline{2}} \times \pi}}$$

1. Bedingung: Zweite Ableitung >0; Minimum

$$\frac{d\,A}{d\,r} = \pi + \frac{4\,V}{r} \quad \gg \qquad 0$$

Ergebnis:

Eine bekannte Konservenfabrik verkauft Hundefutter in zylindrischen Dosen aus Weißblech mit den Maßen h = 12, 5 cm und 2r = 12,5 cm

$$V = r^2\,\pi\,h$$
$$= (6{,}25)^2\,\pi\,12{,}5 = 1533{,}980788\ \text{cm}^2$$
$$A = 2r \times \pi + \frac{2V}{r}$$
$$= 12{,}5 \times \pi + \frac{2 \times 1533{,}980788}{6{,}25} = 19276{,}5711\ \text{cm}^2$$

$$r = \sqrt{\frac{2V}{l\,\pi}} = \sqrt{\frac{2\ 1533{,}980788}{12{,}5\,\pi}} = 8{,}838834765\ \text{cm}^2$$

$$\text{Mit } A = 2\,r^2\,\pi + \frac{2V}{r} = 2 \times 8{,}838834765^2 \times \pi + {}$$
$$\frac{2\ 1533{,}980788}{12{,}5}$$
$$= 736{,}3107782\ \text{cm}^2$$

Kommen wir nun zu einigen Beispielen der Differentialrechnungen:

(1)
Es soll gelten:

$$y = 2\,x^2 - 2\,x^4$$
$$y^{`}\ 4x - 8\,x^3$$
$$y^{``} = 4 - 24\,x^2$$
$$y^{``} = 0 \qquad\qquad\qquad 4 = 24\,x^2\ \gg\ \frac{1}{6} = x^2$$

$$x = \pm\sqrt{\frac{1}{6}}$$

$$y = \frac{5}{18}$$

$$y``` = -48\,x$$

Beweis:

$$y```(\pm\sqrt{\tfrac{1}{6}}) \neq 0$$

Wendepunkt (1): $(\sqrt{\tfrac{1}{6}} : -\tfrac{5}{18})$ **Wendepunkt (2):** $(-\sqrt{\tfrac{1}{6}} : \tfrac{5}{18})$

(2):

Es soll gelten:

$$y = 180\,x^2 - 28\,x^4$$
$$y` = 360\,x - 112\,x^3$$
$$y`` = 360 - 336\,x^2$$

$$y`` = 0 \qquad\qquad 360 = 336\,x^2 \gg \quad \frac{15}{14}\,x^2$$

$$x = \pm\sqrt{\frac{15}{14}}$$

$$y = 180\left(\sqrt{\tfrac{15}{14}}\right)^2 - 28\left(\sqrt{\tfrac{15}{14}}\right)^4 = \frac{1125}{7}$$

$$y``` = 67296$$

Beweis:

$$y``` = \pm\sqrt{\frac{15}{14}} \neq 0$$

Wendepunkt (1): $(\sqrt{\frac{15}{14}} \; : \; -\frac{1125}{7})$ **Wendepunkt (2):**

$(-\sqrt{\frac{15}{14}} \; : \; \frac{1125}{7})$

(3):

Es soll gelten:

$y = 17\,x^2 - 52\,x^4$

$y`34\,x - 208\,x^3$

$y``` = 34 - 624\,x^2$

$y`` = 0 \qquad\qquad 34 = 624\,x^2 \quad \gg$

$\frac{312}{17}\,x^2$

$x = \pm\sqrt{\frac{312}{17}}$

$y = 17\,(\sqrt{\frac{312}{17}})\,2 - 52\,(\sqrt{\frac{312}{17}})\,4 = -10\,2991,8367$

$y``` = 1248$

Beweis:

$y``` = \pm\sqrt{\frac{312}{17}} \neq 0$

Wendepunkt (1): $(\sqrt{\frac{312}{17}} \; : \; -102991,8367)$

Wendepunkt (1): $(-\sqrt{\frac{312}{17}} \; : \; 102991,8367)$

(4)

Es soll gelten:

$$y = 8x^2 - 4x^4$$
$$y` = 16x - 16x^3$$
$$y`` = 16 - 48x^2$$

$$y`` = 0 \qquad\qquad 16 = 48x^2 \gg \quad \frac{48}{16}x^2$$

$$x = \pm\sqrt{\frac{48}{16}}$$

$$y = 8\left(\sqrt{\frac{48}{16}}\right)^2 - 4\left(\sqrt{\frac{48}{16}}\right)^4 = -12$$

$$y``` = 96$$

Beweis:

$$y``` = \pm\sqrt{\frac{48}{16}} \neq 0$$

Wendepunkt (1) : $\left(\sqrt{\frac{48}{16}} : -12\right)$ **Wendepunkt (2):** $\left(-\sqrt{\frac{48}{16}} : 12\right)$

(5)

Es soll gelten:

$$y = 5x^4 - 4x^5 = x(5x^3 - 4x^4)$$
$$x_1 = 0 \; ; \; (5x^3 - 4x^4) = 0$$
$$y`_1 = 15x^2 - 16x^3$$
$$y``_1 = 15x - 48x^2$$

$$y``_1 = 0 \qquad\qquad 15\,x = 48\,x^2 \gg\ 48\,x^2 - 15\,x = 0$$

$$x_1 = \frac{15}{48} + \sqrt{\left(\frac{15}{48}\right)^2 - } = \frac{5}{8} \quad x_2 = \frac{15}{48} - \sqrt{\left(\frac{15}{48}\right)^2 - } = 0$$

$$y``` = 96$$

Für die Differentialrechnung macht es nur Sinn, den Wert für x1 zu übernehmen.

Beweis:

$$y``` = \frac{15}{48} \neq 0$$

$$y = 5\left(\frac{5}{8}\right)^4 - 4\left(\frac{5}{8}\right)^5 = \frac{3125}{8192}$$

Wenn man x1 =0 setzt, ergeben sich folgende Werte für die Wendepunkte:

Wendepunkt (1): ($\frac{5}{8}$: $-\frac{3125}{8192}$) Wendepunkt (2): (-$\frac{5}{8}$: $\frac{3125}{8192}$)

(6)

Es soll gelten:

$$y = 10\,x^4 - 30\,x^5 = x\,(10\,x^3 - 30\,x^4)$$
$$x_1 = 0\ ;\ (10\,x^3 - 30\,x^4) = 0$$
$$y`1 = 30\,x^2 - 150\,x^3$$
$$y`` = 60\,x - 450\,x^2$$

$y`` = 0 \qquad\qquad 60\,x = 450\,x^2 \gg 450\,x^2 - 60\,x = 0$

$x_1 = \dfrac{2}{15} + \sqrt{\left(\dfrac{2}{15}\right)^2 - \underline{}} = \dfrac{4}{15} \qquad x_2 = \dfrac{2}{15} - \sqrt{\left(\dfrac{2}{15}\right)^2 - \underline{}} = 0$

$y``` = 900$

Für die Differentialrechnung macht es nur Sinn, den Wert für x1 zu übernehmen.

Beweis:

$y``` = \dfrac{2}{15} \neq 0$

$y = 10\left(\dfrac{4}{15}\right)^3 - 30\left(\dfrac{4}{15}\right)^4 = \dfrac{512}{50625}$

Wenn man x1 = 0 setzt, ergeben sich folgende Werte für die Wendepunkte:

Wendepunkt (1): $\left(\dfrac{4}{15} \ \vdots \ -\dfrac{512}{50625}\right)$ **Wendepunkt (2):** $\left(-\dfrac{4}{15} \ \vdots \ \dfrac{512}{50625}\right)$

(7)

Es soll gelten:

$y = 8\,x^4 - 4\,x^5 = x\,(8\,x^3 - 4\,x^4)$

$x_1 = 0 \quad : (8\,x^3 - 4\,x^4) = 0$

$y` = 24\,x^2 - 14\,x^3$

$y`` = 48\,x - 42\,x^2$

$y`` = 0 \ ; \qquad\qquad 48\,x = 41\,x^2 \ \gg \ 41\,x^2 - 48\,x = 0$

$$x1 == \frac{41}{48} + \sqrt{\left(\frac{41}{48}\right)^2 -} = \frac{41}{24} \quad x\,2 = \frac{41}{48} - \sqrt{\left(\frac{41}{48}\right)^2 -} = 0$$

$$y''' = 84$$

Für die Differentialrechnung macht es nur Sinn, den Wert für x1 zu übernehmen.

Beweis:

$$y''' = \frac{41}{24} \neq 0$$

$$y = 8\left(\frac{41}{24}\right)^4 - 4\left(\frac{41}{24}\right)^5 = 9{,}936$$

Wenn man x1 =0 setzt, ergeben sich folgende Werte für die Wendepunkte:

Wendepunkt (1): (-$\frac{41}{24}$ ⋮ 9,936) Wendepunkt (2): (

$\frac{41}{24}$ ⋮- 9,936)

(8)

Es soll gelten:

$$y = 7\,x^4 - 3\,x^5 = x\,(7\,x^3 - 3\,x^4)$$

$$x1 = 0 \quad ; \quad (7\,x^3 - 3\,x^4) = 0$$

$$y` = 21\,x^2 - 12\,x^3$$

$$y`` = 42\,x - 36\,x^2$$

$$y`` = 0 \qquad\qquad 42x = 36\,x^2 \gg 36\,x^2 - 42\,x = 0$$

$$x\,1 == \frac{7}{6} + \sqrt{\left(\frac{7}{6}\right)^2 -} = \frac{7}{3} \quad x\,2 = \frac{7}{6} - \sqrt{\left(\frac{7}{6}\right)^2 -} = 0$$

$$y''' = 72$$

Für die Differentialrechnung macht es nur Sinn, den Wert für x1 zu übernehmen.

Beweis:

$$y``` = \frac{7}{6} \neq 0$$

$$y = 7 \left(\frac{7}{3}\right)^4 - 3 \left(\frac{7}{3}\right)^5 = 0$$

Wenn man x1 =0 setzt, ergeben sich folgende Werte für die Wendepunkte:

Wendepunkt (1): $(\frac{7}{3} : 0)$ Wendepunkt (2): $(-\frac{7}{3} : 0)$

(9)

Es soll gelten:

$$y = 8 x^4 - 4 x^5 = x (8 x^3 - 4 x^4)$$

$$x1 = 0 \quad ; \quad (8 x^3 - 4 x^4) = 0$$

$$y` = 24 x^2 - 16 x^3$$

$$y`` = 48 x - 48 x^2$$

$$y`` = 0 \qquad\qquad 48 x = 48 x^2 \gg 48 x^2 - 48 x = 0$$

$$x\,1 = = 1 + \sqrt{(1)^2} \; \frac{}{} = 2 \quad x\,2 = \frac{7}{6} - \sqrt{\left(\frac{7}{6}\right)^2} \; \frac{}{} = 0$$

$$y``` = 96$$

Für die Differentialrechnung macht es nur Sinn, den Wert für x1 zu übernehmen.

Beweis:

$$y``` = 1 \neq 4$$

$$y = 8\,(2)^4 - 4\,(2)^5 = 0$$

Wenn man x1 =0 setzt, ergeben sich folgende
Werte für die Wendepunkte:
Wendepunkt (1): (2: 0) Wendepunkt (2): (-2 : 0)

(10)

Es soll gelten:

$$y = 7\,x^4 - 5\,x^5 = x\,(7\,x^3 - 5\,x^4)$$

$$x1 = 0 \quad ; \quad (7\,x^3 - 5\,x^4) = 0$$

$$y` = 21\,x^2 - 20\,x^3$$

$$y`` = 42\,x - 60\,x^2$$

$$y`` = 0 \qquad\qquad 42\,x = 60\,x^2 \gg 60\,x^2 - 42\,x = 0$$

$$x\,1 = = \frac{7}{10} + \sqrt{\left(\frac{7}{10}\right)^2 -} = \frac{7}{5} \quad x\,2 = \frac{7}{10} - \sqrt{\left(\frac{7}{10}\right)^2 -} = 0$$

$$y``` = 96$$

Für die Differentialrechnung macht es nur Sinn,
den Wert für x1 zu übernehmen.
Beweis:

$$y``` = \frac{7}{5} \neq 0$$

$$y = 7\left(\frac{7}{5}\right)^4 - 5\left(\frac{7}{5}\right)^5 = 0$$

Wenn man x1 =0 setzt, ergeben sich folgende Werte für die Wendepunkte:

Wendepunkt (1): ($\frac{7}{5}$: 0) Wendepunkt (2): (- $\frac{7}{5}$: 0)

(11)

Es soll gelten:

$y = 8 x^4 - 5 x^5 = x (8 x^3 - 5 x^4)$

$x1 = 0 \; ; \; (8 x^3 - 5 x^4) = 0$

$y` = 24 x^2 - 20 x^3$

$y`` = 48 x - 60 x^2$

$y`` = 0 \qquad\qquad 48 x = 60 x^2 \gg 60 x^2 - 48 x = 0$

$x1 = \frac{4}{5} + \sqrt{\left(\frac{4}{5}\right)^2} = \frac{8}{5} \quad x2 = \frac{4}{5} - \sqrt{\left(\frac{4}{5}\right)^2} = 0$

$y``` = 120$

Für die Differentialrechnung macht es nur Sinn, den Wert für x1 zu übernehmen.

Beweis:

$y``` = \frac{8}{5} \neq 0$

$y = 8 \left(\frac{8}{5}\right)^4 - 5 \left(\frac{8}{5}\right)^5 = 0$

Wenn man x1 =0 setzt, ergeben sich folgende Werte für die Wendepunkte:

Wendepunkt (1): ($\frac{8}{5}$: 0) Wendepunkt (2): (- $\frac{8}{5}$: 0)

(12)

Es soll gelten:

$y = 10\,x^4 - 5\,x^5 = x\,(10\,x^3 - 5\,x^4)$

$x1 = 0 \quad ; \quad (10\,x^3 - 5\,x^4) = 0$

$y` = 30\,x^2 - 20\,x^3$

$y`` = 60\,x - 60\,x^2$

$y`` = 0 \qquad\qquad 60\,x = 60\,x^2 \gg\ 60\,x^2 - 60\,x = 0$

$x1 = 1 + \sqrt{1\ \dfrac{2}{}} = 2 \quad x2 = 1 - \sqrt{1\ \dfrac{2}{}} = 0$

$y``` = 120$

Für die Differentialrechnung macht es nur Sinn, den Wert für x1 zu übernehmen.

Beweis:

$y``` = 2 \neq 0$

$y = 10\,(2)^4 - 5\,(2)^5 = 0$

Wenn man x1 = 0 setzt, ergeben sich folgende Werte für die Wendepunkte:

Wendepunkt (1): (2 ⫶ 0) Wendepunkt (2): (- 2 ⫶ 0)

(13)Es soll gelten:

$y = 40\,x^4 - 7\,x^5 = x\,(40\,x^3 - 7\,x^4)$

$x1 = 0 \quad ; \quad (40\,x^3 - 7\,x^4) = 0$

$y` = 120\,x^2 - 28\,x^3$

$y`` = 240\,x - 84\,x^2$

$y`` = 0 \qquad\qquad 240\,x = 84\,x^2 \gg 84\,x^2 - 240\,x = 0$

$x1 = \dfrac{20}{7} + \sqrt{\left(\dfrac{20}{7}\right)^2 \dfrac{\;}{\;}} = \dfrac{40}{7} \quad x2 = \dfrac{20}{7} - \sqrt{\left(\dfrac{20}{7}\right)^2 \dfrac{\;}{\;}} = 0$

$y``` = 168$

Für die Differentialrechnung macht es nur Sinn, den Wert für x1 zu übernehmen.

Beweis:

$y``` = \dfrac{20}{7} \neq 0$

$y = 40\left(\dfrac{40}{7}\right)^4 - 7\left(\dfrac{40}{7}\right)^5 = 0$

Wenn man x1 = 0 setzt, ergeben sich folgende Werte für die Wendepunkte:

Wendepunkt (1): $\left(\dfrac{40}{7} : 0\right)$ Wendepunkt (2): $\left(-\dfrac{40}{7} : 0\right)$

(14)

Es soll gelten:

$y = 39\,x^4 - 7\,x^5 = x\,(39\,x^3 - 7\,x^4)$

$x1 = 0 \;;\; (39\,x^3 - 7\,x^4) = 0$

$y` = 117\,x^2 - 28\,x^3$

$y`` = 234\,x - 84\,x^2$

$y`` = 0 \qquad\qquad 234\,x = 84\,x^2 \gg 84\,x^2 - 234\,x = 0$

$x1 = \dfrac{39}{14} + \sqrt{\left(\dfrac{39}{14}\right)^2 \dfrac{\;}{\;}} = \dfrac{39}{7} \quad x2 = \dfrac{39}{14} - \sqrt{\left(\dfrac{39}{14}\right)^2 \dfrac{\;}{\;}} = 0$

$y``` = 168$

Für die Differentialrechnung macht es nur Sinn, den Wert für x1 zu übernehmen.

Beweis:

$$y```= \frac{20}{7} \neq 0$$

$$y = 40\left(\frac{39}{7}\right)^4 - 7\left(\frac{39}{7}\right)^5 = -578225{,}69$$

Wenn man x1 =0 setzt, ergeben sich folgende Werte für die Wendepunkte:

Wendepunkt (1): $\left(\frac{39}{7} : 578225{,}69\right)$ Wendepunkt (2):

$$\left(-\frac{39}{7} : -578225{,}69\right)$$

(15)

Es soll gelten:

$$y = 38\,x^4 - 7\,x^5 = x\,(38\,x^3 - 7\,x^4)$$

$$x1 = 0 \quad ; \quad (38\,x^3 - 7\,x^4) = 0$$

$$y` = 114\,x^2 - 28\,x^3$$

$$y`` = 228\,x - 84\,x^2$$

$$y`` = 0 \qquad\qquad 228\,x = 84\,x^2 \gg 84\,x^2 - 228\,x = 0$$

$$x1 = \frac{19}{7} + \sqrt{\left(\frac{19}{7}\right)^2 -} = \frac{38}{7} \quad x\,2 = \frac{19}{7} - \sqrt{\left(\frac{19}{7}\right)^2 -} = 0$$

$$y``` = 168$$

Für die Differentialrechnung macht es nur Sinn, den Wert für x1 zu übernehmen.
Beweis:

$$y``` = \frac{38}{7} \neq 0$$

$$y = 40 \left(\frac{38}{7}\right)^4 - 7 \left(\frac{38}{7}\right)^5 = 1736{,}889$$

Wenn man x1 =0 setzt, ergeben sich folgende Werte für die Wendepunkte:

Wendepunkt (1): $\left(\frac{38}{7} : -1736{,}889\right)$ Wendepunkt (2):

$\left(-\frac{38}{7} : 1736{,}889\right)$

(16)

$$y = 37 x^4 - 7 x^5 = x (37 x^3 - 7 x^4)$$

$$x1 = 0 \quad ; \quad (37 x^3 - 7 x^4) = 0$$

$$y` = 111 x^2 - 28 x^3$$

$$y`` = 222 x - 84 x^2$$

$$y`` = 0 \qquad 222 x = 84 x^2 \gg 84 x^2 - 222 x = 0$$

$$x1 = \frac{37}{14} + \sqrt{\left(\frac{37}{14}\right)^2} = \frac{37}{7} \quad x2 = \frac{37}{14} - \sqrt{\left(\frac{37}{14}\right)^2} = 0$$

$$y``` = 168$$

Für die Differentialrechnung macht es nur Sinn, den Wert für x1 zu übernehmen.

Beweis:

$$y``` = \frac{37}{7} \neq 0$$

$$y\,\tfrac{1}{2} = 37\,(\tfrac{37}{7})^{\,4} - 7\,(\tfrac{37}{7})^{\,5} = 0$$

Wenn man x1 =0 setzt, ergeben sich folgende Werte für die Wendepunkte:

Wendepunkt (1): $(\tfrac{37}{7} : 0)$ Wendepunkt (2): $(-\tfrac{37}{7} : 0)$

(17)

$$y = 36\,x^{\,4} - 7\,x^{\,5} = x\,(36\,x^{\,3} - 7\,x^{\,4})$$

$$x1 = 0 \,; \ (36\,x^{\,3} - 7\,x^{\,4}) = 0$$

$$y` = 108\,x^{\,2} - 28\,x^{\,3}$$

$$y`` = 216\,x - 84\,x^{\,2}$$

$$y`` = 0 \qquad\qquad 216\,x = 84\,x^{\,2} \gg\ 84\,x^{\,2} - 216\,x = 0$$

$$x1 = \frac{18}{7} + \sqrt{(\tfrac{18}{7})^{\,2} - } = \frac{36}{7} \quad x2 = \frac{18}{7} - \sqrt{(\tfrac{18}{7})^{\,2} - } = 0$$

$$y``` = 168$$

Für die Differentialrechnung macht es nur Sinn, den Wert für x1 zu übernehmen.

Beweis:

$$y``` = \frac{36}{7} \neq 0$$

$$y = 36\,(\tfrac{36}{7})^{\,4} - 7\,(\tfrac{36}{7})^{\,5} = 0$$

Wenn man x1 =0 setzt, ergeben sich folgende Werte für die Wendepunkte:

Wendepunkt (1): $(\frac{36}{7} : 0)$ Wendepunkt (2): $(-\frac{36}{7} : 0)$

(18)

$$y = 35\,x^4 - 7\,x^5 = x\,(35\,x^3 - 7\,x^4)$$
$$x1 = 0 \quad ; \quad (35\,x^3 - 7\,x^4) = 0$$
$$y` = 105\,x^2 - 28\,x^3$$
$$y`` = 210\,x - 84\,x^2$$
$$y`` = 0 \qquad\qquad 210\,x = 84\,x^2 \gg 84\,x^2 - 210\,x = 0$$
$$x1 = \frac{5}{2} + \sqrt{(\frac{5}{2})^2 - } = 5 \quad x2 = \frac{5}{2} - \sqrt{(\frac{5}{2})^2 - } = 0$$
$$y``` = 168$$

Für die Differentialrechnung macht es nur Sinn, den Wert für x1 zu übernehmen.

Beweis:

$$y``` = 5 \neq 0$$
$$y = 35\,(5)^4 - 7\,(5)^5 = 0$$

Wenn man x1 =0 setzt, ergeben sich folgende Werte für die Wendepunkte:

Wendepunkt (1): (5 : 0) Wendepunkt (2): (- 5 : 0)

(19)

$y = 34 x^4 - 7 x^5 = x (34 x^3 - 7 x^4)$

$x1 = 0 \quad ; \quad (34 x^3 - 7 x^4) = 0$

$y` = 102 x^2 - 28 x^3$

$y`` = 204 x - 84 x^2$

$y`` = 0 \qquad\qquad 204 x = 84 x^2 \gg 84 x^2 - 204 x = 0$

$x1 = \dfrac{17}{7} + \sqrt{(\dfrac{17}{7})^2 -} = \dfrac{34}{7} \quad x2 = \dfrac{17}{7} - \sqrt{(\dfrac{17}{7})^2 -} = 0$

$y``` = 168$

Für die Differentialrechnung macht es nur Sinn, den Wert für x1 zu übernehmen.

Beweis:

$y``` = \dfrac{34}{7} \neq 0$

$y = 34 (\dfrac{34}{7})^4 - 7 (\dfrac{34}{7})^5 = 0$

Wenn man x1 = 0 setzt, ergeben sich folgende Werte für die Wendepunkte:

Wendepunkt (1): $(\dfrac{34}{7} : 0)$ Wendepunkt (2): $(-\dfrac{34}{7} : 0)$

(20)

$y = 33 x^4 - 7 x^5 = x (33 x^3 - 7 x^4)$

$x1 = 0 \quad ; \quad (33 x^3 - 7 x^4) = 0$

$y` = 99 x^2 - 28 x^3$

$y`` = 198 x - 84 x^2$

$y`` = 0 \qquad 198 x = 84 x^2 \gg 84 x^2 - 198 x = 0$

$$x1 = \frac{33}{14} + \sqrt{\left(\frac{33}{14}\right)^2 \underline{\quad}} = \frac{33}{7} \quad x2 = \frac{33}{1} - \sqrt{\left(\frac{33}{14}\right)^2 \underline{\quad}} = 0$$

$$y\,``` = 168$$

Für die Differentialrechnung macht es nur Sinn, den Wert für x1 zu übernehmen.

Beweis:

$$y\,``` = \frac{33}{7} \neq 0$$

$$y = 33\left(\frac{33}{7}\right)^4 - 7\left(\frac{33}{7}\right)^5 = 0$$

Wenn man x1 =0 setzt, ergeben sich folgende Werte für die Wendepunkte:

Wendepunkt (1): $\left(\frac{33}{7} : \quad 0\right)$ Wendepunkt (2): $\left(-\frac{33}{7} : 0\right)$

(21)

$$y = 32\,x^4 - 7\,x^5 = x\,(32\,x^3 - 7\,x^4)$$
$$x1 = 0 \quad ; \quad (32\,x^3 - 7\,x^4) = 0$$
$$y` = 96\,x^2 - 28\,x^3$$
$$y`` = 192\,x - 84\,x^2$$
$$y`` = 0 \qquad\qquad 192\,x = 84\,x^2 \gg 84\,x^2 - 192\,x = 0$$

$$x1 = \frac{16}{7} + \sqrt{\left(\frac{16}{7}\right)^2 \underline{\quad}} = \frac{32}{7} \quad x2 = \frac{16}{7} - \sqrt{\left(\frac{16}{7}\right)^2 \underline{\quad}} = 0$$

$$y\,``` = 168$$

Für die Differentialrechnung macht es nur Sinn, den Wert für x1 zu übernehmen.

Beweis:

$$y``` = \frac{16}{7} \neq 0$$

$$y = 32\left(\frac{16}{7}\right)^4 - 7\left(\frac{16}{7}\right)^5 = 436{,}724$$

Wenn man x1 =0 setzt, ergeben sich folgende Werte für die Wendepunkte:

Wendepunkt (1): $\left(\frac{16}{7} : -436{,}724\right)$ Wendepunkt (2):

$\left(- \frac{16}{7} : 436{,}724\right)$

(22)

$$y = 31\,x^4 - 7\,x^5 = x\,(31\,x^3 - 7\,x^4)$$
$$x1 = 0 \quad ; \quad (31\,x^3 - 7\,x^4) = 0$$
$$y` = 93\,x^2 - 28\,x^3$$
$$y`` = 186\,x - 84\,x^2$$
$$y`` = 0 \qquad\qquad 186\,x = 84\,x^2 \gg 84\,x^2 - 186\,x = 0$$
$$x1 = \frac{31}{14} + \sqrt{\left(\frac{31}{14}\right)^2} = \frac{31}{7} \quad x2 = \frac{31}{14} - \sqrt{\left(\frac{31}{14}\right)^2} = 0$$
$$y``` = 168$$

Für die Differentialrechnung macht es nur Sinn, den Wert für x1 zu übernehmen.

Beweis:

$$y''' = \frac{31}{7} \neq 0$$

$$y = 31\,(\tfrac{31}{7})^{4} - 7\,(\tfrac{31}{7})^{5} = 0$$

Wenn man x1 =0 setzt, ergeben sich folgende Werte für die Wendepunkte:

Wendepunkt (1): ($\frac{16}{7}$: 0) Wendepunkt (2): (- $\frac{16}{7}$: 0)

(23)

$$y = 30\,x^{4} - 7\,x^{5} = x\,(30\,x^{3} - 7\,x^{4})$$

$$x1 = 0 \quad ; \quad (30\,x^{3} - 7\,x^{4}) = 0$$

$$y' = 90\,x^{2} - 28\,x^{3}$$

$$y'' = 180\,x - 84\,x^{2}$$

$$y'' = 0 \qquad\qquad 180\,x = 84\,x^{2} \gg 84\,x^{2} - 180\,x = 0$$

$$x1 = \frac{15}{7} + \sqrt{(\tfrac{15}{7})^{2}} = \frac{30}{7} \quad x2 = \frac{15}{7} - \sqrt{(\tfrac{15}{7})^{2}} = 0$$

$$y''' = 168$$

Für die Differentialrechnung macht es nur Sinn, den Wert für x1 zu übernehmen.

Beweis:

$$y''' = \frac{15}{7} \neq 0$$

$$y = 30\,(\tfrac{15}{7})^{4} - 7\,(\tfrac{15}{7})^{5} = 316{,}274$$

Wenn man x1 =0 setzt, ergeben sich folgende Werte für die Wendepunkte:

Wendepunkt (1): $(\frac{15}{7} : -316{,}274)$ Wendepunkt (2):

$(-\frac{16}{7} : 316{,}274)$

(24)

$$y = 29\,x^4 - 7\,x^5 = x\,(29\,x^3 - 7\,x^4)$$
$$x1 = 0 \quad ; \quad (29\,x^3 - 7\,x^4) = 0$$
$$y` = 87\,x^2 - 28\,x^3$$
$$y`` = 174\,x - 84\,x^2$$
$$y`` = 0 \qquad\qquad 174\,x = 84\,x^2 \gg 84\,x^2 - 174\,x = 0$$
$$x1 = \frac{29}{14} + \sqrt{\left(\frac{29}{14}\right)^2} = \frac{29}{7} \quad x2 = \frac{29}{14} - \sqrt{\left(\frac{29}{14}\right)^2} = 0$$
$$y``` = 168$$

Für die Differentialrechnung macht es nur Sinn, den Wert für x1 zu übernehmen.

Beweis:

$$y``` = \frac{29}{14} \neq 0$$

$$y = 29\left(\frac{29}{14}\right)^4 - 7\left(\frac{29}{14}\right)^5 = 266{,}961$$

Wenn man x1 = 0 setzt, ergeben sich folgende Werte für die Wendepunkte:

Wendepunkt (1): $(\frac{29}{14} : -266{,}961)$ Wendepunkt (2):

$(-\frac{29}{14} : 266{,}961)$

(25)

$$y = 28\,x^4 - 7\,x^5 = x\,(28\,x^3 - 7\,x^4)$$

$$x1 = 0 \quad ; \quad (28\,x^3 - 7\,x^4) = 0$$

$$y` = 84\,x^2 - 28\,x^3$$

$$y`` = 168\,x - 84\,x^2$$

$$y`` = 0 \qquad\qquad 168\,x = 84\,x^2 \gg 84\,x^2 - 168\,x = 0$$

$$x1 = 2 + \sqrt{(\,2\,)^{\tfrac{2}{}}} = \frac{29}{7} \quad x2 = 2 - \sqrt{(2^{\tfrac{2}{}})} = 0$$

$$y``` = 168$$

Für die Differentialrechnung macht es nur Sinn, den Wert für x1 zu übernehmen.

Beweis:

$$y``` = 2 \ne 0$$

$$y = 28\,(2)^4 - 7\,(2)^5 = 224$$

Wenn man x1 =0 setzt, ergeben sich folgende Werte für die Wendepunkte:

Wendepunkt (1): (2⋮ - 224) Wendepunkt (2): (- 2 ⋮ 224)

(26)

$$y = 27\,x^4 - 7\,x^5 = x\,(27\,x^3 - 7\,x^4)$$

$$x1 = 0 \quad ; \quad (27,\,x^3 - 7\,x^4) = 0$$

$$y` = 81\,x^2 - 28\,x^3$$

$$y`` = 162\,x - 84\,x^2$$

$$y`` = 0 \qquad\qquad 162\,x = 84\,x^2 \gg 84\,x^2 - 162\,x = 0$$

$y\,```= 168$

$$x1 = \frac{27}{14} + \sqrt{(\frac{27}{14})^2 -} = \frac{27}{7} \quad x\,2 = \frac{27}{14} - \sqrt{(\frac{27}{14})^2 -} = 0$$

$y\,```= 168$

Für die Differentialrechnung macht es nur Sinn, den Wert für x1 zu übernehmen.

Beweis:

$$y\,```= \frac{27}{14} \neq 0$$

$$y = 27\,(\frac{27}{14})^4 - 7\,(\frac{27}{14})^5 = 186{,}757$$

Wenn man x1 =0 setzt, ergeben sich folgende Werte für die Wendepunkte:

Wendepunkt (1): ($\frac{27}{14}$: - 186,757) Wendepunkt

(2): (- $\frac{27}{14}$: 186,757)

(27)

$$y = 26\,x^4 - 7\,x^5 = x\,(26\,x^3 - 7\,x^4)$$
$$x1 = 0 \quad ; \quad (26\,x^3 - 7\,x^4) = 0$$
$$y\,`= 78\,x^2 - 28\,x^3$$
$$y\,``= 156\,x - 84\,x^2$$
$$y\,``= 0 \qquad 156\,x = 84\,x^2 \gg 84\,x^2 - 156\,x = 0$$

$$x1 = \frac{13}{7} + \sqrt{(\frac{13}{7})^2 -} = \frac{26}{7} \quad x\,2 = \frac{13}{7} - \sqrt{(\frac{13}{7})^2 -} = 0$$

$$y\,```= 168$$

Für die Differentialrechnung macht es nur Sinn, den Wert für x1 zu übernehmen.

Beweis:

$$y\,```= \frac{13}{7} \neq 0$$

$$y = 26\left(\frac{13}{7}\right)^4 - 7\left(\frac{13}{7}\right)^5 = 154{,}641$$

Wenn man x1 =0 setzt, ergeben sich folgende Werte für die Wendepunkte:

Wendepunkt (1): ($\frac{13}{7}$: - 154,641) Wendepunkt (2):

(- $\frac{13}{7}$: 154,641)

(28)

$$y = 25\,x^4 - 7\,x^5 = x\,(25\,x^3 - 7\,x^4)$$

$$x1 = 0 \quad ; \quad (25\,x^3 - 7\,x^4) = 0$$

$$y\,`= 75\,x^2 - 28\,x^3$$

$$y\,``= 150\,x - 84\,x^2$$

$$y\,`` = 0 \qquad\qquad 150\,x = 84\,x^2 \gg 84\,x^2 - 150\,x = 0$$

$$x1 = \frac{25}{14} + \sqrt{\left(\frac{25}{14}\right)^2 -} = \frac{26}{7} \quad x\,2 = \frac{25}{14} - \sqrt{\left(\frac{25}{14}\right)^2 -} = 0$$

$$y\,```= 168$$

Für die Differentialrechnung macht es nur Sinn, den Wert für x1 zu übernehmen.

Beweis:

$$y``` = \frac{25}{14} \neq 0$$

$$y = 25 \left(\frac{25}{14} \right)^4 - 7 \left(\frac{25}{14} \right)^5 = 127{,}104$$

Wenn man x1 =0 setzt, ergeben sich folgende Werte für die Wendepunkte:

Wendepunkt (1): ($\frac{25}{14}$: - 127,104) Wendepunkt (2):

(- $\frac{25}{14}$: 127,104)

(29)

$$y = 24\,x^4 - 7\,x^5 = x\,(24\,x^3 - 7\,x^4)$$

$$x1 = 0 \quad ; \quad (24\,x^3 - 7\,x^4) = 0$$

$$y` = 72\,x^2 - 28\,x^3$$

$$y`` = 144\,x - 84\,x^2$$

$$y`` = 0 \qquad\qquad 144\,x = 84\,x^2 \gg 84\,x^2 - 144\,x = 0$$

$$x1 = \frac{12}{7} + \sqrt{\left(\frac{12}{7} \right)^2} = \frac{24}{7} \quad x2 = \frac{12}{7} - \sqrt{\left(\frac{12}{7} \right)^2} = 0$$

$$y``` = 168$$

Für die Differentialrechnung macht es nur Sinn, den Wert für x1 zu übernehmen.

Beweis:

$$y``` = \frac{24}{7} \neq 0$$

$$y = 24\left(\frac{24}{7}\right)^4 - 7\left(\frac{24}{7}\right)^5 = 0$$

Wenn man x1 =0 setzt, ergeben sich folgende Werte für die Wendepunkte:

Wendepunkt (1): $\left(\frac{24}{7} : 0\right)$ Wendepunkt (2): $\left(-\frac{24}{7} : 0\right)$

(30)

$$y = 23\,x^4 - 7\,x^5 = x\,(23\,x^3 - 7\,x^4)$$

$$x1 = 0\,;\,(23\,x^3 - 7\,x^4) = 0$$

$$y` = 69\,x^2 - 28\,x^3$$

$$y`` = 138\,x - 84\,x^2$$

$$y`` = 0 \qquad\qquad 138\,x = 84\,x^2 \gg 84\,x^2 - 138\,x = 0$$

$$x1 = \frac{23}{14} + \sqrt{\left(\frac{23}{14}\right)^2 \frac{}{}} = \frac{23}{7} \quad x\,2 = \frac{23}{14} - \sqrt{\left(\frac{23}{14}\right)^2 \frac{}{}} = 0$$

$$y``` = 168$$

Für die Differentialrechnung macht es nur Sinn, den Wert für x1 zu übernehmen.

Beweis:

$$y``` = \frac{23}{7} \neq 0$$

$$y = 23\left(\frac{23}{7}\right)^4 - 7\left(\frac{23}{7}\right)^5 = 0$$

Wenn man x1 =0 setzt, ergeben sich folgende Werte für die Wendepunkte:

Wendepunkt (1): ($\frac{23}{7}$: 0) Wendepunkt (2): (-$\frac{23}{7}$: 0)

(31)

$$y = 22\,x^4 - 7\,x^5 = x\,(22\,x^3 - 7\,x^4)$$
$$x1 = 0 \quad ; \quad (22\,x^3 - 7\,x^4) = 0$$
$$y\,` = 66\,x^2 - 28\,x^3$$
$$y\,`` = 132\,x - 84\,x^2$$
$$y\,`` = 0 \qquad\qquad 132\,x = 84\,x^2 \gg 84\,x^2 - 132\,x = 0$$
$$x1 = \frac{11}{7} + \sqrt{(\frac{11}{7})^2 -} = \frac{22}{7} \quad x2 = \frac{11}{7} - \sqrt{(\frac{11}{7})^2 -} = 0$$
$$y\,``` = 168$$

Für die Differentialrechnung macht es nur Sinn, den Wert für x1 zu übernehmen.

Beweis:

$$y\,``` = \frac{22}{7} \neq 0$$

$$y = 22\,(\frac{22}{7})^4 - 7\,(\frac{22}{7})^5 = 0$$

Wenn man x1 =0 setzt, ergeben sich folgende Werte für die Wendepunkte:

Wendepunkt (1): ($\frac{22}{7}$: 0) Wendepunkt (2): (-$\frac{22}{7}$: 0)

(32)

$$y = 21\,x^4 - 7\,x^5 = x\,(21\,x^3 - 7\,x^4)$$
$$x1 = 0 \quad ; \quad (21\,x^3 - 7\,x^4) = 0$$
$$y\grave{} = 63\,x^2 - 28\,x^3$$
$$y\grave{}\grave{} = 126\,x - 84\,x^2$$
$$y\grave{}\grave{} = 0 \qquad\qquad 126\,x = 84\,x^2 \gg 84\,x^2 - 126\,x = 0$$
$$x1 = \frac{3}{2} + \sqrt{(\tfrac{3}{2})^2 -\ } = 3\ x\ 2 = \frac{3}{2} - \sqrt{(\tfrac{3}{2})^2 -\ } = 0$$
$$y\grave{}\grave{}\grave{} = 168$$

**Für die Differentialrechnung macht es nur Sinn,
den Wert für x1 zu übernehmen.
Beweis:**

$$y\grave{}\grave{}\grave{} = 3 \neq 0$$
$$y = 21\,(\ 3\ )^4 - 7\,(3)^5 = 0$$

**Wenn man x1 = 0 setzt, ergeben sich folgende
Werte für die Wendepunkte:
Wendepunkt (1): (3 ⋮ 0) Wendepunkt (2): (- 3 ⋮ 0)**

(33)

$$y = 20\,x^4 - 7\,x^5 = x\,(20\,x^3 - 7\,x^4)$$
$$x1 = 0 \quad ; \quad (20\,x^3 - 7\,x^4) = 0$$
$$y\grave{} = 60\,x^2 - 28\,x^3$$
$$y\grave{}\grave{} = 120\,x - 84\,x^2$$

$$y`` = 0 \qquad 120\,x = 84\,x^2 \gg 84\,x^2 - 120\,x = 0$$

$$x1 = \frac{10}{7} + \sqrt{\left(\frac{10}{7}\right)^2} = \frac{20}{7} \qquad x2 = \frac{10}{7} - \sqrt{\left(\frac{10}{7}\right)^2} = 0$$

$$y``` = 168$$

Für die Differentialrechnung macht es nur Sinn, den Wert für x1 zu übernehmen.

Beweis:

$$y``` = \frac{20}{7} \neq 0$$

$$y = 20\left(\frac{20}{7}\right)^4 - 7\left(\frac{20}{7}\right)^5 = 0$$

Wenn man x1 = 0 setzt, ergeben sich folgende Werte für die Wendepunkte:

Wendepunkt (1): $\left(\frac{20}{7} : 0\right)$ Wendepunkt (2): $\left(-\frac{20}{7} : 0\right)$

(34)

$$y = 19\,x^4 - 7\,x^5 = x\,(19\,x^3 - 7\,x^4)$$

$$x1 = 0 \quad ; \quad (19\,x^3 - 7\,x^4) = 0$$

$$y` = 57\,x^2 - 28\,x^3$$

$$y`` = 114\,x - 84\,x^2$$

$$y`` = 0 \qquad 114\,x = 84\,x^2 \gg 84\,x^2 - 114\,x = 0$$

$$x1 = \frac{19}{14} + \sqrt{\left(\frac{19}{14}\right)^2} = \frac{19}{7} \qquad x2 = \frac{19}{14} - \sqrt{\left(\frac{19}{14}\right)^2} = 0$$

$$y``` = 168$$

Für die Differentialrechnung macht es nur Sinn, den Wert für x1 zu übernehmen.

Beweis:

$$y``` = \frac{19}{7} \neq 0$$

$$y = 19\left(\frac{19}{7}\right)^4 - 7\left(\frac{19}{7}\right)^5 = 0$$

Wenn man x1 =0 setzt, ergeben sich folgende Werte für die Wendepunkte:

Wendepunkt (1): $\left(\frac{19}{7} : 0\right)$ Wendepunkt (2): $\left(-\frac{19}{7} : 0\right)$

(35)

$$y = 18\,x^4 - 7\,x^5 = x\,(18\,x^3 - 7\,x^4)$$

$$x1 = 0 \;\; ; \;\; (18\,x^3 - 7\,x^4) = 0$$

$$y` = 54\,x^2 - 28\,x^3$$

$$y`` = 108\,x - 84\,x^2$$

$$y`` = 0 \qquad 1087\,x = 84\,x^2 \gg 84\,x^2 - 108\,x = 0$$

$$x1 = \frac{9}{7} + \sqrt{\left(\frac{9}{7}\right)^2 -} = \frac{18}{7}\,x\,2 = \frac{9}{7} - \sqrt{\left(\frac{9}{7}\right)^2 -} = 0$$

$$y``` = 168$$

Für die Differentialrechnung macht es nur Sinn, den Wert für x1 zu übernehmen.

Beweis:

$$y``` = \frac{18}{7} \neq 0$$

$$y = 18\left(\frac{18}{7}\right)^4 - 7\left(\frac{18}{7}\right)^5 = 0$$

Wenn man x1 =0 setzt, ergeben sich folgende Werte für die Wendepunkte:

Wendepunkt (1): $(\frac{18}{7} : 0)$ Wendepunkt (2): $(-\frac{18}{7} : 0)$

(36)

$y = 17\,x^4 - 7\,x^5 = x\,(17\,x^3 - 7\,x^4)$

$x1 = 0 \quad ; \quad (17\,x^3 - 7\,x^4) = 0$

$y\,` = 51\,x^2 - 28\,x^3$

$y\,`` = 102\,x - 84\,x^2$

$y\,`` = 0 \qquad\qquad 102\,x = 84\,x^2 \gg 84\,x^2 - 102\,x = 0$

$x1 = \frac{17}{14} + \sqrt{(\frac{17}{14})^2} = \frac{17}{7} \quad x2 = \frac{17}{14} - \sqrt{(\frac{17}{14})^2} = 0$

$y\,``` = 168$

Für die Differentialrechnung macht es nur Sinn, den Wert für x1 zu übernehmen.

Beweis:

$y\,``` = \frac{17}{7} \neq 0$

$y = 17\,(\frac{17}{7})^4 - 7\,(\frac{17}{7})^5 = 0$

Wenn man x1 =0 setzt, ergeben sich folgende Werte für die Wendepunkte:

Wendepunkt (1): $(\frac{17}{7} : 0)$ Wendepunkt (2): $(-\frac{17}{7} : 0)$

(37)

$$y = 16 x^4 - 7 x^5 = x (16 x^3 - 7 x^4)$$
$$x1 = 0 \quad ; \quad (16 x^3 - 7 x^4) = 0$$
$$y\,` = 48 x^2 - 28 x^3$$
$$y\,`` = 96 x - 84 x^2$$
$$y\,`` = 0 \qquad\qquad 96 x = 84 x^2 \gg 84 x^2 - 96 x = 0$$
$$x1 = \frac{8}{7} + \sqrt{\left(\frac{8}{7}\right)^2 \underline{\ \ }} = \frac{16}{7} \quad x2 = \frac{8}{7} - \sqrt{\left(\frac{8}{7}\right)^2 \underline{\ \ }} = 0$$
$$y\,``` = 168$$

Für die Differentialrechnung macht es nur Sinn, den Wert für x1 zu übernehmen.
Beweis:

$$y\,``` = \frac{16}{7} \neq 0$$
$$y = 16 \left(\frac{16}{7}\right)^4 - 7 \left(\frac{16}{7}\right)^5 = 0$$

Wenn man x1 = 0 setzt, ergeben sich folgende Werte für die Wendepunkte:

Wendepunkt (1): $\left(\frac{16}{7} : 0\right)$ Wendepunkt (2): $\left(-\frac{16}{7} : 0\right)$

(38)

$$y = 15 x^4 - 7 x^5 = x (15 x^3 - 7 x^4)$$
$$x1 = 0 \quad ; \quad (15 x^3 - 7 x^4) = 0$$
$$y\,` = 45 x^2 - 28 x^3$$
$$y\,`` = 90 x - 84 x^2$$

$$y\,`` = 0 \qquad\qquad 90\,x = 84\,x^2 \gg 84\,x^2 - 90\,x = 0$$

$$x1 = \frac{15}{14} + \sqrt{\left(\frac{15}{14}\right)^2} = \frac{15}{7} \quad x2 = \frac{15}{14} - \sqrt{\left(\frac{15}{14}\right)^2} = 0$$

$$y\,``` = 168$$

Für die Differentialrechnung macht es nur Sinn, den Wert für x1 zu übernehmen.

Beweis:

$$y\,``` = \frac{15}{7} \neq 0$$

$$y = 15\left(\frac{15}{7}\right)^4 - 7\left(\frac{15}{7}\right)^5 = 0$$

Wenn man x1 = 0 setzt, ergeben sich folgende Werte für die Wendepunkte:

Wendepunkt (1): $\left(\frac{15}{7} : 0\right)$ Wendepunkt (2): $\left(-\frac{15}{7} : 0\right)$

(39)

$$y = 14\,x^4 - 7\,x^5 = x\,(14\,x^3 - 7\,x^4)$$
$$x1 = 0 \;\; ; \;\; (14\,x^3 - 7\,x^4) = 0$$
$$y\,` = 42\,x^2 - 28\,x^3$$
$$y\,`` = 84\,x - 84\,x^2$$
$$y\,`` = 0 \qquad\qquad 84\,x = 84\,x^2 \gg 84\,x^2 - 84\,x = 0$$

$$x1 = 1 + \sqrt{(1)^2} = 2 \quad x2 = 1 - \sqrt{(1)^2} = 0$$

$$y\,``` = 168$$

Für die Differentialrechnung macht es nur Sinn, den Wert für x1 zu übernehmen.

Beweis:

$$y```= 2 \neq 0$$

$$y = 14\,(2)^4 - 7\,(2)^5 = 0$$

Wenn man x1 =0 setzt, ergeben sich folgende Werte für die Wendepunkte:

Wendepunkt (1): (2 ⋮ 0) Wendepunkt (2): (-2⋮ 0)

(40)

$$y = 13\,x^4 - 7\,x^5 = x\,(13\,x^3 - 7\,x^4)$$

$$x1 = 0 \quad ; \quad (13\,x^3 - 7\,x^4) = 0$$

$$y` = 39\,x^2 - 28\,x^3$$

$$y`` = 78\,x - 84\,x^2$$

$$y`` = 0 \qquad\qquad 78\,x = 84\,x^2 \gg 84\,x^2 - 78\,x = 0$$

$$x1 = \frac{13}{14} + \sqrt{\left(\frac{13}{14}\right)^2 - } = \frac{13}{7} \quad x2 = \frac{13}{14} - \sqrt{\left(\frac{13}{14}\right)^2 - } = 0$$

$$y``` = 168$$

Für die Differentialrechnung macht es nur Sinn, den Wert für x1 zu übernehmen.

Beweis:

$$y``` = \frac{13}{14} \neq 0$$

$$y = 13 \left(\frac{13}{14}\right)^4 - 7 \left(\frac{13}{14}\ 74\right)^5 = 4{,}833$$

Wenn man x1 =0 setzt, ergeben sich folgende Werte für die Wendepunkte:

Wendepunkt (1): $\left(\frac{13}{14}\ : -4{,}833\right)$ Wendepunkt (2): $\left(-\frac{13}{14} : 4{,}833\right)$

(41)

$$y = 12\,x^4 - 7\,x^5 = x\,(12\,x^3 - 7\,x^4)$$
$$x1 = 0 \ ; \ (12\,x^3 - 7\,x^4) = 0$$
$$y\,` = 36\,x^2 - 28\,x^3$$
$$y\,`` = 72\,x - 84\,x^2$$
$$y\,`` = 0 \qquad\qquad 72\,x = 84\,x^2 \gg 84\,x^2 - 72\,x = 0$$
$$x1 = \frac{6}{7} + \sqrt{\left(\frac{6}{7}\right)^2} = \frac{12}{7}\ x\,2 = \frac{6}{7} - \sqrt{\left(\frac{6}{7}\right)^2} = 0$$
$$y\,``` = 168$$

Für die Differentialrechnung macht es nur Sinn, den Wert für x1 zu übernehmen.

Beweis:

$$y\,``` = \frac{12}{7} \neq 0$$

$$y = 12 \left(\frac{12}{7}\right)^4 - 7 \left(\frac{12}{7}\right)^5 = 0$$

Wenn man x1 =0 setzt, ergeben sich folgende Werte für die Wendepunkte:

Wendepunkt (1): ($\frac{12}{7}$: 0) Wendepunkt (2): (-$\frac{12}{7}$: 0)

(42)

$y = 11\,x^4 - 7\,x^5 = x\,(11\,x^3 - 7\,x^4)$

$x1 = 0 \quad ; \quad (11\,x^3 - 7\,x^4) = 0$

$y` = 33\,x^2 - 28\,x^3$

$y`` = 66\,x - 84\,x^2$

$y`` = 0 \qquad\qquad 66\,x = 84\,x^2 \gg 84\,x^2 - 66\,x = 0$

$x1 = \frac{11}{14} + \sqrt{(\frac{11}{14})^2 -} = \frac{11}{7} \quad x\,2 = \frac{11}{14} - \sqrt{(\frac{11}{14})^2 -} = 0$

$y``` = 168$

Für die Differentialrechnung macht es nur Sinn, den Wert für x1 zu übernehmen.

Beweis:

$y``` = \frac{11}{7} \neq 0$

$y\,\tfrac{1}{2} = 11\,(\frac{11}{7})^4 - 7\,(\frac{11}{7})^5 = 0$

Wenn man x1 = 0 setzt, ergeben sich folgende Werte für die Wendepunkte:

Wendepunkt (1): ($\frac{11}{7}$: 0) Wendepunkt (2): (-$\frac{11}{7}$: 0)

(43)

$$y = 10\,x^4 - 7\,x^5 = x\,(10\,x^3 - 7\,x^4)$$
$$x1 = 0 \quad ; \quad (10\,x^3 - 7\,x^4) = 0$$
$$y` = 30\,x^2 - 28\,x^3$$
$$y`` = 60\,x - 84\,x^2$$
$$y`` = 0 \qquad\qquad 60\,x = 84\,x^2 \gg 84\,x^2 - 60\,x = 0$$
$$x1 = \frac{5}{7} + \sqrt{\left(\frac{5}{7}\right)^2 -} = \frac{10}{7} \quad x2 = \frac{5}{7} - \sqrt{\left(\frac{5}{7}\right)^2 -} = 0$$
$$y``` = 168$$

Für die Differentialrechnung macht es nur Sinn, den Wert für x1 zu übernehmen.
Beweis:
$$y``` = \frac{10}{7} \neq 0$$
$$y = 10\left(\frac{10}{7}\right)^4 - 7\left(\frac{10}{7}\right)^5 = 0$$
Wenn man x1 = 0 setzt, ergeben sich folgende Werte für die Wendepunkte:
Wendepunkt (1): $\left(\frac{10}{7} : 0\right)$ **Wendepunkt (2):** $\left(-\frac{10}{7} : 0\right)$

(44)

$$y = 9\,x^4 - 7\,x^5 = x\,(9\,x^3 - 7\,x^4)$$
$$x1 = 0 \quad ; \quad (9\,x^3 - 7\,x^4) = 0$$
$$y` = 27\,x^2 - 28\,x^3$$
$$y`` = 54\,x - 84\,x^2$$

$$y`` = 0 \qquad 54\,x = 84\,x^2 \gg 84\,x^2 - 54\,x = 0$$

$$x1 = \frac{9}{14} + \sqrt{\left(\frac{9}{14}\right)^2 - } = \frac{9}{7} \quad x2 = \frac{9}{14} - \sqrt{\left(\frac{9}{14}\right)^2 - } = 0$$

$$y``` = 168$$

Für die Differentialrechnung macht es nur Sinn, den Wert für x1 zu übernehmen.

Beweis:

$$y``` = \frac{9}{7} \neq 0$$

$$y = 9\left(\frac{9}{7}\right)^4 - 7\left(\frac{9}{7}\right)^5 = 0$$

Wenn man x1 =0 setzt, ergeben sich folgende Werte für die Wendepunkte:

Wendepunkt (1): $\left(\frac{9}{7} : 0\right)$ Wendepunkt (2): $\left(-\frac{9}{7} : 0\right)$

(45)

$$y = 8\,x^4 - 7\,x^5 = x\left(8\,x^3 - 7\,x^4\right)$$

$$x1 = 0 \quad ; \quad \left(8\,x^3 - 7\,x^4\right) = 0$$

$$y` = 24\,x^2 - 28\,x^3$$

$$y`` = 48\,x - 84\,x^2$$

$$y`` = 0 \qquad 48\,x = 84\,x^2 \gg 84\,x^2 - 48\,x = 0$$

$$x1 = \frac{4}{7} + \sqrt{\left(\frac{4}{7}\right)^2 - } = \frac{8}{7} \quad x2 = \frac{4}{7} - \sqrt{\left(\frac{4}{7}\right)^2 - } = 0$$

$$y``` = 168$$

Für die Differentialrechnung macht es nur Sinn, den Wert für x1 zu übernehmen.

Beweis:

$$y``` = \frac{8}{7} \neq 0$$

$$y = 8\left(\frac{8}{7}\right)^4 - 7\left(\frac{8}{7}\right)^5 = 0$$

Wenn man x1 =0 setzt, ergeben sich folgende Werte für die Wendepunkte:

Wendepunkt (1): $\left(\frac{8}{7} : 0\right)$ Wendepunkt (2): $\left(-\frac{8}{7} : 0\right)$

(46)

$$y = 7\,x^4 - 7\,x^5 = x\,(7\,x^3 - 7\,x^4)$$
$$x1 = 0 \quad ; \quad (7\,x^3 - 7\,x^4) = 0$$
$$y` = 21x^2 - 28\,x^3$$
$$y`` = 42\,x - 84\,x^2$$
$$y`` = 0 \qquad\qquad 42\,x = 84\,x^2 \gg\; 84\,x^2 - 42\,x = 0$$
$$x1 = \frac{1}{2} + \sqrt{\left(\frac{1}{2}\right)^2 -} = \; 1\,x\,2 = \frac{1}{2} - \sqrt{\left(\frac{1}{2}\right)^2 -} = 0$$
$$y``` = 168$$

Für die Differentialrechnung macht es nur Sinn, den Wert für x1 zu übernehmen.

Beweis:

$$y```= 1 \neq 0$$

$$y = 7(1)^4 - 7(1)^5 = 0$$

Wenn man x1 =0 setzt, ergeben sich folgende Werte für die Wendepunkte:

Wendepunkt (1): (1 ⦂ 0) Wendepunkt (2): (-1 ⦂ 0)

(47)

$$y = 6x^4 - 7x^5 = x(6x^3 - 7x^4)$$

$$x1 = 0 \quad ; \quad (6x^3 - 7x^4) = 0$$

$$y` = 18x^2 - 28x^3$$

$$y`` = 36x - 84x^2$$

$$y`` = 0 \qquad 36x = 84x^2 \gg 84x^2 - 36x = 0$$

$$x1 = \frac{6}{7} + \sqrt{\left(\frac{6}{7}\right)^2 -} = \frac{12}{7} \quad x2 = \frac{6}{7} - \sqrt{\left(\frac{6}{7}\right)^2 -} = 0$$

$$y``` = 168$$

Für die Differentialrechnung macht es nur Sinn, den Wert für x1 zu übernehmen.

Beweis:

$$y``` = \frac{12}{7} \neq 0$$

$$y = 6\left(\frac{12}{7}\right)^4 - 7\left(\frac{12}{7}\right)^5 = -51{,}818$$

Wenn man x1 =0 setzt, ergeben sich folgende Werte für die Wendepunkte:

Wendepunkt (1): $(\frac{12}{7} : -51{,}818)$ **Wendepunkt (2):** $(-\frac{12}{7} : 51{,}818)$

(48)

$y = 5\,x^4 - 7\,x^5 = x\,(5\,x^3 - 7\,x^4)$

$x1 = 0 \quad ; \quad (5\,x^3 - 7\,x^4) = 0$

$y\,`= 15\,x^2 - 28\,x^3$

$y\,``= 30\,x - 84\,x^2$

$y\,`` = 0 \qquad\qquad 30\,x = 84\,x^2 \gg 84\,x^2 - 30\,x = 0$

$$x1 = \frac{5}{14} + \sqrt{(\frac{5}{14})^2 \, \frac{\;}{\;}} = \frac{5}{7} \quad x2 = \frac{5}{14} - \sqrt{(\frac{5}{14})^2 \, \frac{\;}{\;}} = 0$$

$y\,```= 168$

Für die Differentialrechnung macht es nur Sinn, den Wert für x1 zu übernehmen.

Beweis:

$y\,```= \frac{5}{7} \neq 0$

$y = 5\,(\frac{5}{7})^4 - 7\,(\frac{5}{7})^5 = -0$

Wenn man x1 = 0 setzt, ergeben sich folgende Werte für die Wendepunkte:

Wendepunkt (1): $(\frac{5}{7} : 0)$ **Wendepunkt (2):** $(-\frac{5}{7} : 0)$

(49)

$$y = 4x^4 - 7x^5 = x(4x^3 - 7x^4)$$
$$x1 = 0 \quad ; \quad (4x^3 - 7x^4) = 0$$
$$y` = 12x^2 - 28x^3$$
$$y`` = 24x - 84x^2$$
$$y`` = 0 \qquad\qquad 24x = 84x^2 \gg 84x^2 - 24x = 0$$
$$x1 = \frac{2}{7} + \sqrt{(\frac{2}{7})^2 - } = \frac{4}{7} \quad x2 = \frac{2}{7} - \sqrt{(\frac{2}{7})^2 - } = 0$$
$$y``` = 168$$

**Für die Differentialrechnung macht es nur Sinn,
den Wert für x1 zu übernehmen.**

Beweis:

$$y``` = \frac{4}{7} \neq 0$$
$$y = 4(\frac{4}{7})^4 - 7(\frac{4}{7})^5 = 0$$

**Wenn man x1 = 0 setzt, ergeben sich folgende
Werte für die Wendepunkte:**

Wendepunkt (1): ($\frac{4}{7}$ ⋮ 0) Wendepunkt (2): (-$\frac{4}{7}$ ⋮ 0)

(50)

$$y = 3x^4 - 7x^5 = x(3x^3 - 7x^4)$$
$$x1 = 0 \quad ; \quad (3x^3 - 7x^4) = 0$$
$$y` = 9x^2 - 28x^3$$
$$y`` = 18x - 84x^2$$

$$y`` = 0 \qquad 18\,x = 84\,x^2 \gg 84\,x^2 - 18\,x = 0$$

$$x1 = \frac{3}{14} + \sqrt{\left(\frac{3}{14}\right)^2 - } = \frac{3}{7} \qquad x2 = \frac{3}{14} - \sqrt{\left(\frac{3}{14}\right)^2 - } = 0+$$

$$y``` = 168$$

Für die Differentialrechnung macht es nur Sinn, den Wert für x1 zu übernehmen.

Beweis:

$$y``` = \frac{3}{7} \neq 0$$

$$y = 3\left(\frac{3}{7}\right)^4 - 7\left(\frac{3}{7}\right)^5 = 0$$

Wenn man x1 = 0 setzt, ergeben sich folgende Werte für die Wendepunkte:

Wendepunkt (1): $\left(\frac{3}{7} : 0\right)$ Wendepunkt (2): $\left(-\frac{3}{7} : 0\right)$

(51)

$$y = 2\,x^4 - 7\,x^5 = x\,(2\,x^3 - 7\,x^4)$$

$$x1 = 0 \quad ; \quad (2\,x^3 - 7\,x^4) = 0$$

$$y` = 6\,x^2 - 28\,x^3$$

$$y`` = 12\,x - 84\,x^2$$

$$y`` = 0 \qquad 12\,x = 84\,x^2 \gg 84\,x^2 - 12\,x = 0$$

$$x1 = \frac{1}{7} + \sqrt{\left(\frac{1}{7}\right)^2 - } = \frac{2}{7} \qquad x2 = \frac{1}{7} - \sqrt{\left(\frac{1}{7}\right)^2 - } = 0$$

$$y``` = 168$$

Für die Differentialrechnung macht es nur Sinn, den Wert für x1 zu übernehmen.

Beweis:

$$y```= \frac{2}{7} \neq 0$$

$$y = 2\left(\frac{2}{7}\right)^4 - 7\left(\frac{2}{7}\right)^5 = 0$$

Wenn man x1 =0 setzt, ergeben sich folgende Werte für die Wendepunkte:

Wendepunkt (1): $\left(\frac{2}{7} : 0\right)$ **Wendepunkt (2):** $\left(-\frac{2}{7} : 0\right)$

(52)

$$y = 1 x^4 - 7 x^5 = x\left(1 x^3 - 7 x^4\right)$$

$$x1 = 0 \quad ; \quad \left(1 x^3 - 7 x^4\right) = 0$$

$$y` = 3 x^2 - 28 x^3$$

$$y`` = 6 x - 84 x^2$$

$$y`` = 0 \qquad\qquad 6 x = 84 x^2 \gg 84 x^2 - 6 x = 0$$

$$x1 = \frac{1}{14} + \sqrt{\left(\frac{1}{14}\right)^2} = \frac{1}{7} \quad x 2 = \frac{1}{14} - \sqrt{\left(\frac{1}{14}\right)^2} = 0$$

$$y``` = 168$$

Für die Differentialrechnung macht es nur Sinn, den Wert für x1 zu übernehmen.

Beweis:

$$y``` = \frac{1}{7} \neq 0$$

$$y \tfrac{1}{2} = 1\left(\frac{1}{7}\right)^4 - 7\left(\frac{1}{7}\right)^5 = 3{,}57 \; 10^{-4}$$

Wenn man x1 =0 setzt, ergeben sich folgende Werte für die Wendepunkte:

Wendepunkt (1): ($\frac{1}{7}$: 3,57 10 $^{-4}$ Wendepunkt (2):

($-\frac{1}{7}$: 3,57 10^{-4})

Wir kommen nun zu den Formeln

$$y = \text{arc sin } x \gg y` = \frac{1}{\sqrt{1-x^2}} \qquad\qquad y = \text{arc}$$

$$\cos x \gg y` = - \frac{1}{\sqrt{1-x^2}}$$

$$y = \text{arc tan } x \gg y' = \frac{1}{1+x^2} \qquad\qquad y = \text{arc}$$

$$\cot x \gg y` = - \frac{1}{1+x^2}$$

Es gilt:

(1)

$$y = \text{arc cos (ln } x)$$

$$\ln x \gg \text{arc cos } z$$

$$z = \ln x \gg \frac{dy}{dx} = \frac{1}{x}$$

$$y = \text{arc cos } z$$

$$\frac{dy}{dx} = - \frac{1}{\sqrt{1-z^2}} = - \frac{1}{\sqrt{1-(\frac{1}{x})^2}} = \frac{1}{x}\sqrt{x^2 - 1}$$

$$\frac{dz}{dx} \cdot \frac{dy}{dz} = y` = \frac{1}{x}\left(-\frac{1}{x}\sqrt{x^2-1}\right)$$

$$y` = -\frac{1}{x^2}\sqrt{x^2-1}$$

(2)

$$y = \arccos(ax+l)$$
$$ax+l \gg \arccos z$$
$$z = ax+l$$
$$\frac{dz}{dx} = -\frac{1}{\sqrt{1-z^2}} = \frac{-1}{1+(ax+l)^2}$$
$$\frac{dz}{dx} \cdot \frac{dy}{dz} = y` = a\,\frac{-1}{\sqrt{1-(ax+b)^2}}$$
$$y` = \frac{-1}{\sqrt{1-(ax+b)^2}}$$

(3)

$$y = \arcsin(x^3+x^2+10)$$
$$x^3+x^2+10 = z \gg y = \arcsin z$$
$$z = x^3+x^2+10$$
$$\frac{dz}{dx} = 3x^2+2x$$
$$y = \arcsin z$$
$$\frac{dy}{dz} = \frac{1}{\sqrt{1-z}} = \frac{1}{\sqrt{1-(x^3+x^2+10)}}$$

$$\frac{dz}{dx} \cdot \frac{dy}{dz} = y` = (3 \times 2 + 2x) \quad \frac{1}{\sqrt{1-(x^3+x^2+10)}}$$

$$y` = \frac{(3x^2+2x}{\sqrt{1-(x^3+x^2+10)^2}}$$

(4)

$$y = \arcsin \sqrt{x}$$
$$\sqrt{x} = z \gg y = \arcsin z$$
$$z = \sqrt{x}$$
$$\frac{dz}{dx} = \frac{1}{2\sqrt{x}}$$
$$y = \arcsin z$$

$$\frac{dy}{dz} = \frac{1}{\sqrt{1-z}} = \frac{1}{\sqrt{1-(\sqrt{x})^2}}$$

$$\frac{dz}{dx} \cdot \frac{dy}{dz} = y` = \frac{1}{2\sqrt{x}} \frac{1}{\sqrt{1-x}}$$

$$y` = \frac{1}{2\sqrt{x}} \frac{1}{\sqrt{1-x}} = \frac{1}{2} \frac{1}{\sqrt{x-x^2}}$$

(5)

$$y = \arcsin \frac{1}{x}$$
$$\frac{1}{x} = z \gg y = \arcsin z$$
$$z = \frac{1}{x} ; \frac{dz}{dx} = -\frac{1}{x^2}$$

$$y = \text{arc sin } z$$

$$\frac{dy}{dz} = \frac{1}{\sqrt{1-y^2}} = \frac{1}{\sqrt{1-(\frac{1}{x})^2}} = \frac{1}{\frac{1}{x}\sqrt{x^2-1}}$$

$$y` = \frac{dz}{dx} \cdot \frac{dy}{dz} = - \frac{1}{x^2} \frac{1}{\frac{1}{x}\sqrt{x^2-1}}$$

$$y` = - \frac{1}{\sqrt{x^2-1}}$$

(6)

$$y = \text{arc tan } (1-x)$$

$$1-x = z \quad ; \quad y = \text{arc tan } z$$

$$z = 1-x \quad ; \quad \frac{dz}{dx} = -1$$

$$y = \text{arc tan } z$$

$$\frac{dy}{dz} = \frac{1}{1+z^2} = \frac{1}{1+(1-x)^2}$$

$$\frac{dz}{dx} \cdot \frac{dy}{dz} = -1 \frac{1}{1+(1-x)^2}$$

$$y` = \frac{1}{x^2-2x+2}$$

(7)

$$y = \text{arc tan } \sqrt{x}$$

$$\sqrt{x} = z \quad ; \quad y = \text{arc tan } z$$

$$\frac{dz}{dx} = \frac{1}{2\sqrt{x}}$$

$$\frac{dy}{dz} = \text{arc tan } z = \frac{1}{\sqrt{1-z^2}}$$

$$\frac{dz}{dx} \cdot \frac{dy}{dz} = \frac{1}{2\sqrt{x}} \frac{1}{1+x}$$

(8)

$$y = \text{arc tan } \frac{1+x}{1-x}$$

$$\frac{1+x}{1-x} = z \gg y = \text{arc tan } z$$

$$\text{Mit } \frac{u}{v}; \quad u = 1+x \gg u` = 1$$

$$v = 1-x \gg v` = -1$$

$$\frac{dy}{dz} = \frac{v`u - v u`}{u^2} = \frac{(1-x)\,1 - (1+x)(-1)}{(1-x)^2}$$

$$y = \text{arc tan } z = \frac{dy}{dz} = \frac{1}{1+z^2} = \frac{1}{1+\left(\frac{1+x}{1-x}\right)^2} = \frac{(1-x)^4}{(1-x)^2+(1+x)^2}$$

$$= \frac{(1-x)^4}{2\left(1+x^2\right)}$$

$$\frac{dz}{dx} \frac{dy}{dz} = y` = \frac{1+x^2}{(1-x)^2} \frac{(1-x)^4}{2\left(1+x^2\right)} = \frac{1}{2}(1-x)^2$$

$$y` = \frac{1}{2}(1-x)^2$$

(9)

$$y = \text{arc tan } (\ln x)$$

$$\ln x = z \gg y = \text{arc tan } z$$

$$\frac{dy}{dz} = \frac{1}{x}$$

$$y = \arctan \gg \quad y\,\frac{dy}{dz} = \frac{1}{1+z^2} = \frac{1}{1+(\ln x)^2}$$

$$\frac{dz}{dx}\,\frac{dy}{dz} = \frac{1}{x} + \frac{1}{1+(\ln x)^2}$$

(10)

$$y = \arctan \frac{1}{x}$$

$$\frac{1}{x} = z \gg \quad y = \arctan z$$

$$\frac{dy}{dz} = -\frac{1}{x^2}$$

$$y = \arctan z = \frac{dy}{dz} = \frac{1}{1+z^2} = \frac{1}{1+\left(\frac{1}{x}\right)^2}$$

$$\frac{dz}{dx}\,\frac{dy}{dz} = y` = -\frac{1}{x^2}\,\frac{1}{1+\left(\frac{1}{x}\right)^2} = -\frac{1}{x^2\left(1+\left(\frac{1}{x}\right)^2\right)} = -\frac{1}{x^2+1}$$

(11)

$$y = \arctan \left(a \cos \frac{y}{x}\right)$$

$$a \cos \left(\frac{y}{x}\right) = z \; ; \quad \arctan = \frac{1}{1+x^2}$$

$$\frac{dy}{dz} = \frac{a\,y}{x^2}\,\frac{1}{\sin^2 \frac{y}{x}}$$

$$y` = \arctan \left(\frac{1}{1+x^2}\right)$$

$$\frac{dz}{dx}\,\frac{dy}{dz} = y` = \left(\frac{ay}{x^2}\,\frac{1}{\sin^2\frac{y}{x}}\right)\frac{1}{1+\left(a\cos\frac{y}{x}\right)^2}$$

$$y` = \frac{\dfrac{ay}{x^2}\,\dfrac{1}{\sin^2\frac{y}{x}}}{1+\left(a\cos\frac{y}{x}\right)^2}$$

(12)

$$y = \text{arc cot}\left(e^{ax}\frac{y}{}\right)$$

$$e^{ax}\frac{y}{} = z \gg \quad y = \text{arc cot}(z)$$

$$\frac{dy}{dz} = a\,y\,x^{y-1}\,e^{ax}\frac{y}{}$$

$$y = \text{arc cot}(z)$$

$$\frac{dy}{dz} = \frac{-1}{1+z^2} = \frac{1}{\left(e\,ax\frac{y}{}\right)^2+1}$$

$$\frac{dz}{dx}\,\frac{dy}{dz} = y` = \left(a\,y\,x^{y-1}\,e^{ax}\frac{y}{}\right)\frac{1}{\left(e\,ax\frac{y}{}\right)^2+1}$$

$$y` = \frac{a\,y\,x^{\,y-1}\,e\,ax\frac{y}{}}{\left(e\,ax\frac{y}{}\right)^2+1}$$

(13)

$$y = \text{arc cot}\left(e^{(x+t)}\frac{y}{}\right)$$

$$e^{(x+t)}\frac{y}{} = z \quad ; \quad y = \text{arc cot}\,z$$

$$\frac{dy}{dz} = y\,(x+t)^{y-1}\,e^{(x+t)}\frac{y}{}$$

$$y = \text{arc cot}(z)$$

$$\frac{dy}{dz} = \frac{-1}{1+z^2} = \frac{-1}{(e\,(x+t)^y)}$$

$$\frac{dz}{dx}\,\frac{dy}{dz} = y\,(x+t)^{y-1}\,e^{(x+t)}\,\frac{y}{1+e\,(x+t)^y}$$

$$y^{\,`} = \frac{y\,(x+t)^{y-1}\,e\,(x+t)^y}{1+e\,(x+t)^y}$$